农民培训教材

总主编：马冬君

U0651499

寒地养蜂技术
简明本

主　编：王静　祝朝霞

副主编：赵鹤　韩秀平

中国农业出版社

北　京

F 前 言
oreword

　　我国地域辽阔，蜜粉源植物资源丰富，养蜂历史悠久，具有发展养蜂生产的优越条件。随着社会经济的快速发展，养蜂业也跟着时代和科学前进的步伐得到了长足发展，如养蜂环境优化改善、蜜蜂健康养殖等不断得到推广应用，蜂产品产量和质量得到很大提升。

　　鉴于我国各地的气候和蜜源资源条件差异比较大，本书力求突出北方寒冷地区养蜂生产的特点，同时考虑到养蜂者多方面的需要，介绍了蜜蜂的生物学特点、蜂场的建立、蜜蜂季节性管理、转地饲养、蜜蜂病虫敌害的防治、蜜蜂中毒、蜂场卫生及蜂具消毒等内容。本书采用插图方式，简单明了，便于读者理解掌握。同时附有《蜜蜂病虫害综合防治规范》以及《牡丹江蜜蜂养殖技术规程》，力求做到简明、实用。该书可以作为初学养蜂人员的重要参考书，也可以帮助广大养蜂者解决生产中的实际问题，减少不必要的开支以及创造经济效益。

本书主要由王静、祝朝霞同志主编，赵鹤、韩秀平同志辅助编写完成，难免有谬误和疏漏之处，敬请读者不吝赐教。

本书图片由王静、冯毅楠、韩秀平、刘祥伟等众多同行和蜂友提供，书中一一标注，在此一并表示感谢！

编者

2023年7月

目 录
Contents

寒地养蜂技术简明本

第一章

蜜蜂的生物学特点

第一节　蜜蜂的种类

蜜蜂是一种社会性昆虫，在分类学上属于节肢动物门、昆虫纲、膜翅目、细腰亚目、针尾部、蜜蜂总科、蜜蜂科、蜜蜂亚科、蜜蜂属。

对于蜜蜂属现存种类，目前学术界比较一致的看法是9个，即东方蜜蜂、西方蜜蜂、大蜜蜂、黑大蜜蜂、小蜜蜂、黑小蜜蜂、沙巴蜂、苏拉威西蜂、绿努蜂。

其中，东方蜜蜂、西方蜜蜂、大蜜蜂、小蜜蜂、黑大蜜蜂和黑小蜜蜂这6种在我国境内有分布。另外3种蜜蜂在境外多见。

东方蜜蜂和西方蜜蜂是能生产出大量商品蜜的蜜蜂，但它们却是蜜蜂属中两个不同的物种，在野生和饲养中分别形成了许多亚种（品种）或类型，能生产出大量的商品蜜。

东方蜜蜂分布广泛，适应能力很强，营穴内筑巢、多巢脾。东方蜜蜂的分布几乎遍及整个亚洲。

东方蜜蜂

（冯毅楠　摄）

西方蜜蜂原产于欧洲、非洲和中东地区，由于欧洲移民和商业交往，现已引入世界各地，成为人们主要饲养的蜂种；是目前人们研究最多的蜜蜂蜂种，种内变异也是最为复杂的。西方蜜蜂一般穴内营巢，巢房多脾，它能适应各种不同的气候环境，从寒温带到热带，从湿地到半干旱地。

西方蜜蜂（东北黑蜂）

（张致豪　摄）

第二节　蜂群和蜂巢

一、蜂群的组成

一个独立的蜂群包括数千至数万只个体，一年中不同的生活阶段，蜂群的数量有一定的变化。其成员包括蜂王、工蜂、雄蜂三种形态、两种性别的个体。

1. 蜂王

与其他两型蜂相比，体大腹长，是生殖器官发育完全的雌性蜂。通常情况下，一个蜂群中只有一只蜂王，其主要职能是产卵。蜂王一生中除交尾和分蜂之外，从不飞出蜂巢。蜂王由工蜂

蜂王

（冯毅楠　摄）

围侍和饲喂。

2. 工蜂

身体最小，是生殖器官发育不完全的雌性蜂，蜂群中数量最多，在正常的蜂群中不产卵。工蜂承担着除了生殖以外的所有任务，如采集花蜜花粉、酿制食物、饲喂蜂王、哺育幼虫、修造巢脾、清理蜂房、调节巢内温度和湿度、防御敌害等。

3. 雄蜂

比工蜂大，比蜂王小，体型粗壮，是蜂群中的雄性成员。繁殖季节，一个蜂群中雄蜂数量有几十至几百只。雄蜂的职能是与处女王交尾，

工蜂

（冯毅楠　摄）

雄蜂

（冯毅楠　摄）

其不受群体限制，没有群界，可以在不同的蜂场和蜂群里自由出入。

二、蜂巢

蜂巢是蜂群生活、繁殖和贮存饲料的场所。野生状态下，蜂巢可以是树洞、岩洞等处所；人工饲养的蜜蜂，蜂巢就是蜂箱。以工蜂蜡腺分泌的蜡鳞为基本材料，筑造蜡质巢房所组成的双面布满巢房的蜡质脾状结构，称为巢脾，是组成蜂巢的基本单位。巢脾上的巢房根据用途可分为工蜂房、雄蜂房、王台、贮蜜房和过渡型巢房等类型。

蜂箱
（王静　摄）

寒地养蜂技术简明本

第三节　蜜蜂的个体发育

蜜蜂属于完全变态的昆虫，三型蜂从卵到成蜂个体，共经历卵、幼虫、蛹、成蜂四个形态不同的发育阶段。

一、卵期

蜜蜂卵乳白色、略透明，形如香蕉。卵产出后即进入发育状态，所需温度为32～35℃。从卵产入巢房至孵化为幼虫，需3天时间。蜜蜂卵受精或未受精都能发育，通常情况：受精卵发育成雌性蜂，未受精卵发育成雄性蜂。

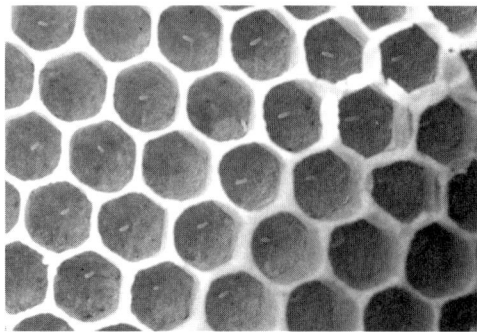

卵

（王静　摄）

9

二、幼虫期

刚孵化的幼虫形如新月，体小，平卧于房底。3日龄内幼虫，工蜂都饲喂它们王浆；3日龄后的工蜂幼虫和雄蜂幼虫则以蜂蜜和花粉的混合物即蜂粮为食物；蜂王幼虫在整个发育期都食用蜂王浆。

封盖后的幼虫停止取食，吐丝作茧，逐渐由仰卧而伸直，将头部伸向巢房口，静止不动，开始向蛹期过渡。

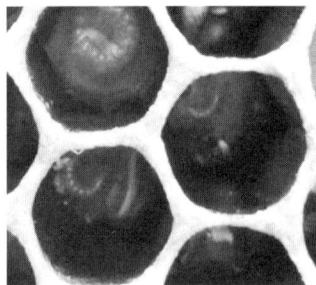

小幼虫
（王静 摄）

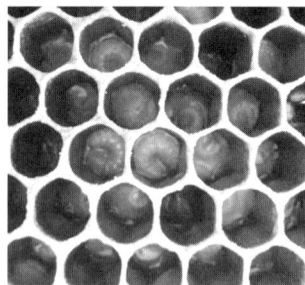

大幼虫
（王静 摄）

三、蛹期

封盖后的幼虫经过一天便进入前蛹期。从卵开始计算大约是第11天，化成蛹。蛹不取食、不活动。随着蛹期发育，各种器官逐步成熟。蛹发育成熟后，开始活动，然后咬开巢房盖，羽化出房。

蛹

（冯毅楠 摄）

四、三型蜂的发育条件及历期

（一）发育条件

蜜蜂所需的外界条件主要是温度、湿度、营养和巢房。最适温度为34～35℃，相对湿度为75%左右。温度过低会延缓发育时间，过高会缩短发育时间，使个体发育不健壮，甚至残翅。湿度太高和太低，都容易使个体得病，甚至死亡。

营养对幼虫的发育十分重要。同样是受精卵，决定其发育为蜂王还是工蜂的关键条件是食物。幼虫期以王浆为食物发育成蜂王；幼虫期仅前3天饲喂王浆，生殖器官发育不完全，成为工蜂。

蜂王分别在工蜂房、王台内产下受精卵，分别发育为工蜂、蜂王。在雄蜂房中产下未受精卵，发育成为单倍体的雄蜂。

（二）发育历期

蜜蜂由卵发育到成虫所需的天数，叫历期，三型蜂发育时间各不相同，略有差异。

蜜蜂各阶段发育期（西方蜜蜂）

型别	卵期（天）	未封盖幼虫期（天）	封盖期（天）	产卵至羽化日期（天）
蜂王	3	5	8	16
工蜂	3	6	12	21
雄蜂	3	7	14	24

第四节　成年蜜蜂的生活

　　成年蜜蜂是蜜蜂个体发育的成熟阶段。每一型蜂的不同阶段有着不同的工作，在蜂群中的作用也是不同的。成年工蜂一生中要为群体的生存和繁衍承担各种任务。

一、蜂王

　　蜂王一生大致可分为处女王、婚飞交尾、产卵繁殖期、衰老更替期等不同生活阶段。

1. 处女王

　　出房后到交尾前的蜂王称处女王。王台成熟，大约在新王出台前的两三日内，工蜂就咬去王台端部的蜂蜡，露出茧，使蜂王容易出台。蜂王出台时，自己从内部顺着王台口，将茧咬开一环裂缝，即可出台。如发现王台端部的茧已露出，可确定蜂王近日要出台。

一只健康的新王出台后，常常巡视各个巢脾，寻找王台并将其破坏。处女王首先攻击成熟的王台，蜂王用上颚在王台侧壁咬个孔，然后弯曲腹部用螫针将蜂王蛹刺死。随后工蜂扩大孔口，将尸体拖出毁除王台壳。

处女王出房3～4天进行认巢飞翔，4～5天性成熟，然后婚飞交尾。

2. 婚飞与交尾

处女王与雄蜂在高空中交尾，又称婚飞。处女王交尾最早发生于6日龄，最迟13日龄，大部分发生在8～9日龄。蜂王准备婚飞时，其周围有一簇工蜂，十分兴奋，而且数目越来越多。处女王与巢门之间形成一排蜜蜂，同时有一些工蜂在巢门口聚集，举腹发臭。处女王在工蜂的簇拥下出巢婚飞，如果在巢门口犹豫或返回，工蜂就加以阻拦，直至进行婚飞。此时，蜂群的正常活动几乎停止。有时能看到一小批工蜂，陪同处女王起飞。处女王起飞后，聚集在巢门口的工蜂继续发臭，招引蜂王返巢，以免错投。交尾与婚飞不只是蜂王和雄蜂的事，它是整个蜂群的行为。

蜂王交尾一般发生在午后2—4时。外界气温高于20℃以上、无风或微风。天气越好，雄蜂越多，对交尾就越有利。

蜂王交尾后返回蜂巢，螫针腔常常拖带一小段白色状物，称为"交尾标志"。雄蜂与蜂王的交尾时间很短，交尾结束即死去。

蜂王产卵后，终生不再交配。精子贮存在受精囊中，供蜂王一生产卵之用。

在不适宜的气候条件下交尾的蜂王，只有少量精液贮存在受精囊中，通常要提早淘汰。如果处女王长时间不交尾，应及早淘汰。

3. 产卵阶段

蜂王交尾2～3天后，开始产卵。一般情况下，每个巢房产一粒卵，在工蜂房和王台中产下受精卵，在雄蜂房中产未受精卵。在巢房相对缺少的时候，也可在同一巢房内重复产卵。

蜂王产卵是从蜜蜂集中的巢脾开始，这样的巢脾一般集中在中心位置，然后向左右扩展。一张巢脾中，产卵范围呈椭圆形，养蜂术语上称为"产卵圈"，或简称"卵圈"。

4. 衰老与更替

蜂王寿命可长达数年，一般两年后产卵力开始下降，逐渐衰老。蜂王在自然交替状况下，可以母女同巢一段时间，直至老蜂王自然死亡。其他状况下，蜂王相遇，进行决斗，一只蜂王将另一只蜂王刺死。

二、雄蜂

雄蜂是季节性成员，通常春末或夏初开始出现，数目从几十只到上百只。当蜂群发展到一定程度时，会产生分蜂情绪。蜂王在雄蜂房中产未受精卵，蜂群开始培育雄蜂。刚出房的雄蜂很少活动，由工蜂饲喂，出房7天后开始出巢飞行，第12～27天是交尾最适宜的时期，称"雄蜂青春期"。性成熟的雄蜂经常在晴暖的午后2—4时出巢飞行，寻找处女王进行交尾。其出巢飞行的时间、天气条件，与处女王出巢的时间和天气条件是同步的。

通常情况下雄蜂寿命约2个月，如果蜜源充足可长达3～4个月。到了秋季，蜜源逐渐减少时，工蜂会把雄蜂驱逐到蜂箱侧壁或箱底处，不让它吃蜜，最后逐出巢外而死亡。

三、工蜂

3日龄内的工蜂，不能自主取食，由其他工蜂喂食，此时能担任保温孵卵、清理巢房等工作。

4日后的工蜂能够调制花粉，喂养大幼虫。

6 ～ 12 日龄的工蜂，王浆腺发达，分泌王浆并饲喂小幼虫和蜂王。

12 日龄以后，开始多次认巢飞行并进行第一次排泄。

13 ～ 18 日龄工蜂，蜡腺发达，承担筑造巢脾、清理巢箱、酿蜜、夯实花粉等大部分巢内工作。

从事采集工作的蜜蜂一般始于 17 日龄。20 日龄后，其采集能力达到了盛期，采集花蜜、花粉、蜂胶、水。后期担任蜂巢的守卫工作，最后衰老死亡。

根据蜜蜂在不同时期的重点工作，习惯上将其分为幼、青、壮、老四个时期。分泌王浆之前的工蜂称为幼蜂；担任巢内主要工作时期的工蜂为青年蜂；从事采集工作的工蜂称为壮年蜂；采集后期绒毛已被磨光、腹部发黑的工蜂称为老年蜂。幼蜂和青年蜂主要从事巢内工作的，统称为内勤蜂；壮年蜂和老年蜂主要从事巢外工作的，统称为外勤蜂。

第五节　蜜蜂采集活动

蜜蜂自身生命活动以及饲喂和哺育幼虫，都需要不断地摄取营养物质，这些营养物质主要包括：蛋白质、脂肪、碳水化合物、水分、无机盐类和维生素等。这些营养物质均来自蜜蜂采集的花粉和花蜜。为了保证蜜蜂的正常生活，蜜蜂还需要采水、采胶及盐类等。

为了更好地利用蜜源、选定场址和安排群数等，必须了解蜜蜂活动范围。通常情况下，蜜蜂有效采集活动，大约在距蜂箱2.5千米的范围内。当附近缺少蜜粉源时，强群的采集半径，可达到3～4千米以上。蜜蜂出巢飞行的高度，可达1千米左右。

一、采蜜

花蜜的采集和贮存是外勤蜂和内勤蜂相互配合来完成的。

正常情况下，蜜蜂为了节省饲料和劳动力，并不倾巢出去寻找蜜粉源，而是由一小部分侦察蜂到蜂巢周围进行寻察。当侦察蜂发现蜜粉源后便采集归巢，用积极舞蹈的方式向其周围的蜜蜂传递信息，表达蜜粉源的距离和方向。接受信息的蜜蜂很快出巢采集，归巢后同样传递这样的信息，短时间内大量蜜蜂开始从事采集工作。

二、采粉

花粉是蜂群所需要的蛋白质来源，幼虫和幼蜂都需要食用花粉，因此当蜂群中有大量幼虫时，蜜蜂对花粉的需求增大，会有更多的青壮年工蜂参与采粉。

蜜蜂采粉时，每次经历的时间，访花的数目，一天采粉的次数以及每次采集花粉团的重量，取决于花的种类、温度、风速、相对湿度以及蜂巢内的条件等因素。气温若低于12℃或高于35℃，不利于采粉蜂的工作。

蜜蜂采粉时，虽然将大部分花粉形成了花粉团，但其体表还是留下了大量的花粉粒。这在蜜蜂授粉过程中起了很重要的作用。

三、采水

采水是生理需要，也可用来调节蜂巢内的温湿度。有蜜源的情况下，花蜜所含的水分就可满足其需要。早春流蜜之前，蜜蜂所需水分就靠蜜蜂采水来供给。蜜蜂所需水分用途：一是内勤蜂用于稀释成熟蜂蜜，调制幼虫食料；二是蜜蜂降温增湿。

炎热夏季，蜜蜂采来的水分置巢内各处，使其快速蒸发而降温。气温超过38℃时，大部分蜜蜂进行采水降低巢温，而从事其他采集的蜂减少。

四、采胶

蜜蜂经常从树芽或松、柏科植物的损伤部位，采集树胶或树脂。采胶蜂归巢后找到需要蜂胶的地方，由其他工蜂取下使用。每群只有少数工蜂从事采胶工作。

蜜蜂采胶的目的主要是充填缝隙、封缩巢门、粘固巢脾、涂刷箱壁、封闭无法拖弃的小动物尸体以防腐败。西方蜜蜂具有采胶性能，而东方蜜蜂无此特性。

第六节　蜜蜂的信息传递

蜜蜂是社会性昆虫，其生活的社会性需要各成员间的相互协调才能完成。这种协调需要以一定的方式进行信息交流，蜜蜂个体间的信息交流方式比较完善，主要为蜜蜂舞蹈和蜜蜂信息素。

蜜蜂舞蹈语言称之为蜂舞，是工蜂以一定方式摆动身体来表达某种信息的行为。蜂舞的形式比较多，但主要包括圆舞、摆尾舞、新月舞、"呼呼"舞、报警舞、清洁舞、按摩舞等。

蜜蜂信息素包括蜂王信息素和工蜂信息素。

第七节　蜂群年周期变化的规律

正常情况下，一年中蜂群的变化是连续的，而且有一定规律。为了说明这一规律，将一年蜂群的变化分为以下六个时期。

一、越冬蜂更替时期

从早春新蜂出房开始，到越冬蜂被新蜂全部代替的过程，称为越冬蜂的更替时期。

此阶段的特点是：群内个体数不增加或略有减少；新蜂更

替越冬蜂，个体平均寿命延长，蜂群质量发生根本变化；个体哺育能力提高，巢内虫蛹量增加，为群势增长打下基础。

二、迅速生长期

迅速生长期是指从越冬蜂被更替后，到蜂群的重量达到2千克为止。

此时期的特点为：蜂群的增长速度与蜂群的重量成正比，群内各龄蜂齐全，所有个体都积极参加巢内外的各项活动。蜂群这段时间，受诸多因素的影响，主要取决于群势、天气、蜜粉源条件以及饲养管理措施。强壮蜂群在良好条件下，可在极短的时间内达到8框群势，蜂群越弱需要的时间越长。

三、幼蜂积累期

此时期是指蜂群重量达到2千克开始，到群势发展至最高峰为止；是积累生理幼龄蜂的阶段。在这一阶段中蜂王的绝对产卵量和蜂群哺育幼虫的总量仍不断增加，同时群势也不断增长，但相对速度越来越慢，当蜂数达到4～6千克时，群势停止增长，蜂群进入动态平衡的最盛期。

正常条件下，到6月中下旬即可过渡到这个阶段。此期为下一个分蜂阶段打下坚实的基础。

四、自然分蜂

蜂群发展到强盛时期，在气候适宜、蜜粉源丰富的条件下，原群蜂王与一半以上的工蜂和部分雄蜂飞离原巢，另择新居的群体活动，称为自然分蜂。

自然分蜂是蜜蜂群体自然增殖的唯一方式。如果发生分蜂，原群群势损失将近一半以上。所以，控制分蜂热成为蜜蜂饲养管理中的关键技术之一。

中华蜜蜂分蜂团

（冯毅楠 摄）

西方蜜蜂分蜂团

（潘春磊 摄）

五、秋季更新期

秋季采集蜂相继死亡，由幼蜂逐渐更替老蜂的过程，称为秋季更新期。

秋季蜜源条件和饲养管理技术，对蜂群内个体更新和饲料贮备十分重要。在北方寒冷地区，蜂群秋季更新期是安全越冬和早春增殖的基础，一季关系到两年，是蜂群年周期发育最关键的时期。

六、越冬期

蜂群断子，工蜂停止飞行，巢内结成紧密蜂团度过寒冷冬季，称为越冬期。北方寒冷地区，从10月下旬至翌年3月末4月初为越冬时间。

蜂群越冬期以蜂蜜为食，随着巢脾上蜂蜜的消耗，蜂团做缓慢移动。蜜蜂在越冬期不排泄，粪便积存在直肠中。

越冬蜂团靠代谢产热维持巢温。蜂团表面温度经常保持6～10℃，内部不低于14℃，温度降低时，蜜蜂便活动产热，使内部温度上升到24～30℃，随后温度慢慢下降，往复调节。越冬蜂群以紧缩和扩松蜂团的方式调节温度。

第二章

蜂场的建立

建立养蜂场需要一定的设备和设施，主要有养蜂用具、放蜂场地、仓库、越冬室、办公室等。

第一节　养蜂用具

一、蜂箱

（一）十框蜂箱

又称郎氏蜂箱、标准蜂箱，是目前国内外使用最为普遍的蜂箱。一套蜂箱主要包括箱盖、副盖、巢箱、继箱、巢门挡、巢框、隔板、隔王板等。

（二）继箱

继箱主要用于贮蜜，生产王浆、巢蜜等。继箱还有一种浅继箱，主要用于生产巢蜜。

浅继箱

继箱

巢箱

继箱

巢箱

蜂箱

（王静　摄）

寒地养蜂技术简明本

二、管理及产品采收用具

蜂帽

（王静　摄）

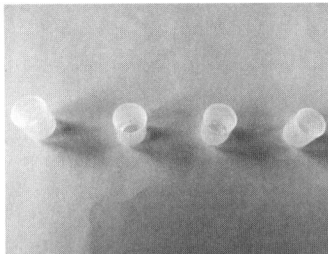

王台基

（王静　摄）

起刮刀

（王静　摄）

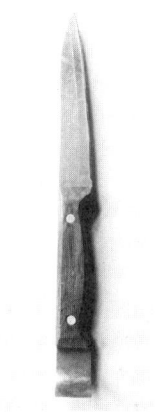

割蜜刀

（王静　摄）

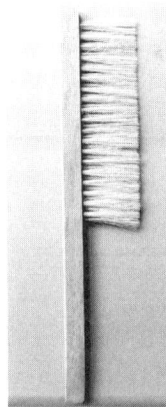

蜂刷

（王静　摄）

喷壶

（王静　摄）

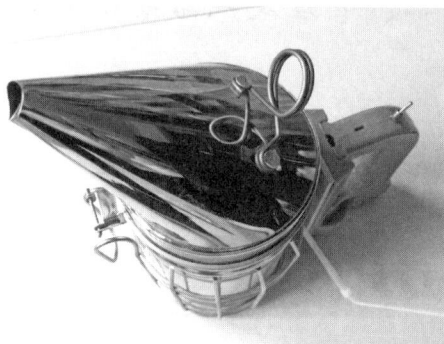

喷烟器

（王静　摄）

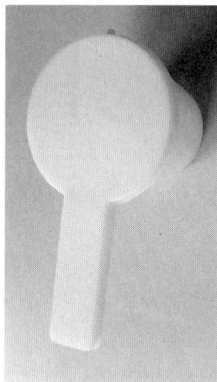

巢门饲喂器

（王静　摄）

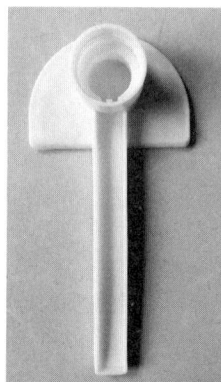

巢门饲喂器底座

（王静　摄）

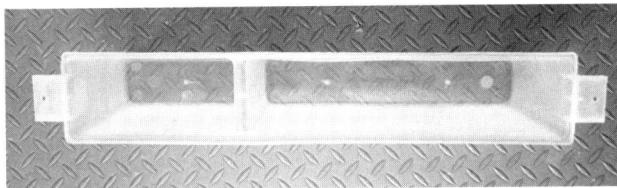

框梁饲喂器

（王静　摄）

脱粉器

（王静　摄）

脱粉盒

（王静　摄）

囚王笼

（王静　摄）

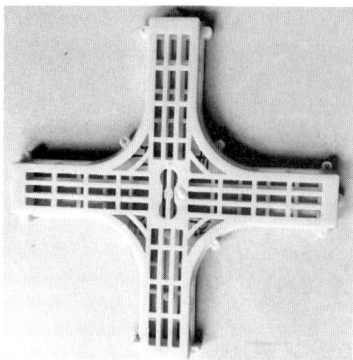 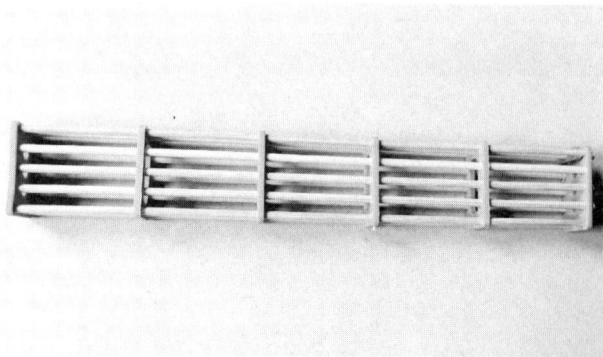

加长王笼

（王静　摄）

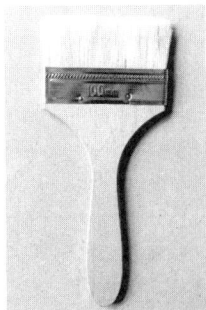

毛刷

（王静 摄）

24号框线

（王静 摄）

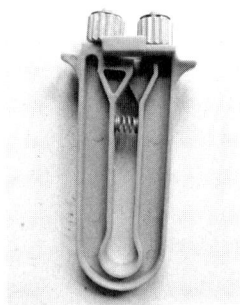

拧紧器

（王静 摄）

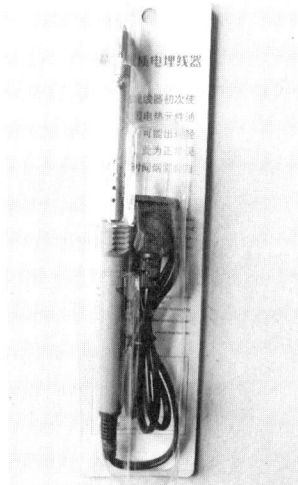
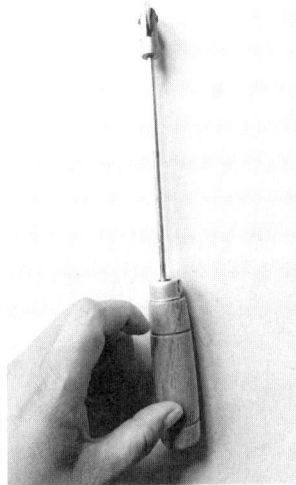

埋线器

（王静 摄）

储王笼

（王静　摄）

巢蜜盒框架

（王静　摄）

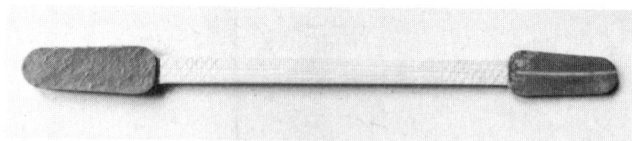

双头取浆笔

（王静　摄）

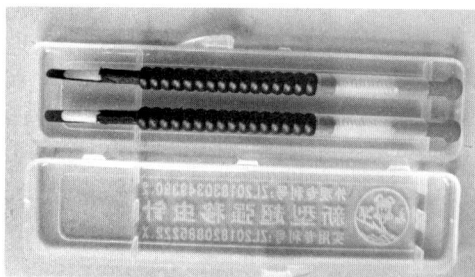

移虫针

（王静　摄）

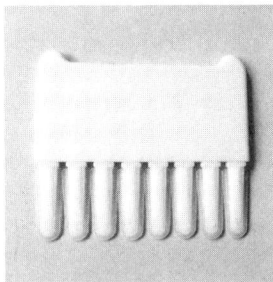

取浆笔

（王静　摄）

过滤网

（王静　摄）

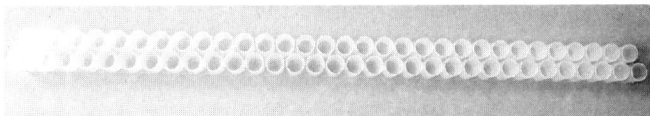

双排王浆条

（王静　摄）

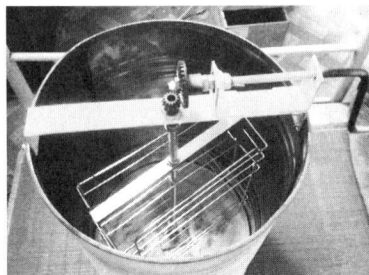

摇蜜机

（马晓斌　摄）

第二节 巢 础

　　巢础是一张人们用蜂蜡制成的蜡片，其两面具有凹凸的正六角形巢房基础和巢房壁的开始部分，将它安装到巢框里，工蜂即以此为基础，分泌蜂蜡，将每个正六角形的房壁加高而成典型的六角形棱柱（巢房）。

巢础

（王静　摄）

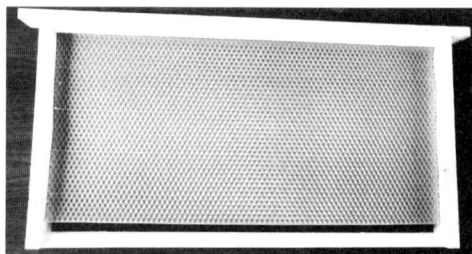

安装到巢框上的巢础

（王静　摄）

第三节　越冬室及仓库

一、越冬室

我国北方寒冷，室内越冬的蜂群需要越冬室。越冬室的建设须符合一定的要求，否则会影响蜜蜂越冬的安全。

（一）越冬室的要求

温湿度必须保持相对稳定。温度宜保持在 $-2 \sim 2℃$，最高不可超过 $4℃$，最低不可低于 $-5℃$；温度过高，蜜蜂活动加剧，加速蜜蜂老化；温度过低，蜜蜂加速取食，也会加速蜜蜂老化。室内相对湿度一般应控制在65%左右。

越冬室应设有进气口和出气口，进行适当的通风，以调节室内的温湿度，并排出蜜蜂呼吸产生的二氧化碳，输入新鲜空气。

越冬室的大小，进出口的配置，由蜂群的数量决定。

越冬室内应该完全黑暗，并注意防震、防潮。

室外越冬蜂群

（韩秀平　摄）

（二）越冬室结构

越冬室的设置，通常有地上、地下两种。

地下越冬室：地下水位在3.5米以下的地方，可以修建。温度稳定，建造经济、简便，但窖内较潮湿，用防水水泥则可防潮。

地下越冬室入户门

（王静　摄）

地下越冬室升降台

（王静　摄）

地下越冬室（一角）

（王静　摄）

地上越冬室：现在多数用房屋作为地上越冬室。此越冬室费用较高，保温效果较差，但可长期使用。

房屋做越冬室

（李宏图　摄）

防空洞做越冬室

（吕云岭　摄）

二、仓库

一般蜂场的库房要有三间，一间放巢脾；一间放蜂产品；

另一间放其他养蜂用具，包括蜂箱等。

　　蜂场仓库要求通风、干燥、防老鼠、防潮，蜜蜂不能进入。周围不能有农药、污染杂物等。

仓库一角

（王静　摄）

第四节　蜂群的选购

一、蜂种选择

根据本地区的蜜源、气候、饲养方式、饲养目的选择蜂种。购买蜂群应先进行调查或通过试养，再选购较理想的蜂种。

目前我国饲养的主要蜂种有意大利蜂、卡尼鄂拉蜂、高加索蜂、东北黑蜂、中蜂和浆蜂等。

二、蜂群的选购方法

（一）蜂群的挑选

先在巢门边观察蜜蜂的活动情况，再开箱检查蜂王和工蜂的体色、蜂龄、子脾数量及蜂病情况等。巢脾完整，无雄蜂房，不陈旧。

（二）购买时间及数量

春季是养蜂的黄金季节。北方地区可在蜂群刚出窖时购买蜂群。

经验丰富的养蜂者，按计划购买饲养。新养蜂者，可先购买计划饲养蜂群数的1/3或更少，积累经验后可达到计划饲养数。

第五节　养蜂场地选择

一、场址选择

各个养蜂季节，对蜂场场址有不同要求。选择场址时要了解蜜源、水源、地势及周围情况。

（一）蜜源

蜂群繁殖和生产季节，蜂场附近2千米以内，要有一种以上的主要蜜源，并且流蜜、吐粉情况良好。若有施杀虫药的蜜源植物，蜂场要设在离该蜜源植物50～100米以外，以减少蜜蜂农药中毒。

（二）水源

蜂场附近应有清洁水源。蜂场不能紧靠水库、湖泊、大河。

（三）地势

要求平坦、高燥。养蜂季节不同，对地势也有不同的要求。春秋季节蜂群繁殖期，地势要求向阳，东南面没有障碍物。西北面最好有小山坡或房屋、矮墙、篱笆等。夏季气温高的地区，可选择遮荫、通风的场所。越冬场

春繁场地

（李宏图　摄）

夏季场地

（蜂友　摄）

地，寒冷地区室外越冬场地，可参考春秋繁殖期的要求。

另外，农药厂或农药仓库附近、糖厂附近以及高音喇叭、路灯、诱虫灯等附近的地方也不宜放蜂。

二、蜂群排列

蜂群排列要根据地址、养蜂季节和饲养方式而定，一般有散放、一条龙、圆形及方形排列法。

一条龙排列
（蜂友　摄）

方形排列
（吕云岭　摄）

蜂群季节性管理

根据不同地区、不同季节的自然条件和蜂群情况，抓住各个时期的主要问题，采取合理的管理措施，使蜂群保持强壮群势和充足饲料，及时投入生产。

第一节　蜂群春季管理

春季蜂群管理的主要任务是为蜂群的迅速恢复与发展创造条件，给分蜂和采蜜产浆等打下良好的基础。

春季蜂群发展壮大至少要具备三个条件：一要有蜜源条件，这是蜂群发展的物质基础，缺乏蜜源条件的地方，要适时进行饲喂；二要有一定的蜂群基础，蜂群越冬后群势越强，恢复和发展就越快，否则就慢；三要有优质的蜂王。另外还要有优良的产卵脾，良好的保温、防湿条件等。

一、蜂群出窖

（一）准备工作

场地选择向阳背风、地势高燥之处；出窖前几天，清扫场地，撒石灰粉进行消毒。春天气温低，箱底下垫的保温物要准备好。蜂群管理用具、蜂箱消毒用具、蜜脾和花粉脾要备好。备用蜂箱刷净消毒、晒干；储备的蜜脾搬入室内增温。备齐保温用的草帘和毛毡等。

（二）蜜蜂的早期飞翔排泄

黑龙江省春分（3月20日）前后常出现温暖天气，出窖前可选择晴暖无风的天气（背阴处气温12℃），将蜂箱搬出窖外，在背风向阳的地方，除去大盖，使日光照射蜂箱，刺激蜜蜂出巢飞翔，各箱之间保持一定距离，防止蜜蜂偏集。午后气温降低，蜜蜂完全归巢后，再重新搬回窖内，直到蜂群正式出窖为止。

（三）出窖时间

黑龙江省清明节（4月5日）前后（气温在10℃以上），山上冰凌花开花，蜂群就可出窖。窖内的温度变化不大，蜂群又很安静，可适当延迟蜂群出窖时间。如果窖容积小，温度高，湿度大或蜜蜂下痢骚动不安，以及天气提前变暖，蜂群要提前出窖，以改善蜂群内的不良状况。

冰凌花

（王静　摄）

（四）出窖方法

蜂群出窖前一晚上，窖门、气孔和巢门完全敞开。出窖早晨，蜂箱门关闭，搬蜂箱时巢门向后，动作要轻，不可偏斜，将蜜蜂不受惊扰地抬到养蜂场上。蜂群出窖选择晴暖无风的天气，于上午10时以后全部出窖，以便蜜蜂利用中午暖和时间进行充分地飞翔。

二、蜂群的检查和处理

蜂群出窖排泄后，选晴暖无风的一天，做全面检查，了解和记录蜂群越冬的基本情况，如饲料多少、蜜蜂和子脾数、蜂王是否存在等。检查的同时将蜂群整理好，提出多余和不良的巢脾。换上处理过的蜂箱，布好蜂巢，子脾放在中间，蜜粉脾放在两侧。蜜脾要足，不足的要补足。蜂数不足3框的蜂群合并或者用双王箱饲养繁殖。无王群及时合并。遭鼠害的蜂群换上清洁的巢脾。

三、缩巢保温

蜂群放在高燥向阳背风之处。蜂巢里面按蜂留脾或蜂多于脾，两侧挡以隔板，覆布上盖上棉垫或毛毡。巢门缩小到 1 ～ 2 厘米，箱底垫上干草；以后根据群势增长和天气转暖，逐渐撤去保温物和扩大巢门。

四、防治蜂螨

出窖后抓住群内无封盖子的有利时期，彻底治螨 2 ～ 3 次。

五、补充饲喂

根据蜂群强弱，蜂巢内每个巢脾上应有 1 斤*左右的存蜜。

---

* 1 斤 = 500 克。

如果蜂巢内缺蜜，先补足饲料，再进行少量的奖励饲喂。

六、扩大蜂巢

根据气温、蜜源、蜂群增殖和蜂王产卵情况，适时加脾扩巢。5月份蜂群增殖初期，采取割蜜盖方法扩大蜂王产卵面积。产卵圈不断扩大，蜂王缺少产卵空房时，采用加脾方法扩大蜂巢。

注意事项：外界没有蜜源加半蜜脾，有蜜源加空脾，能修造巢脾时，可采用加巢础框的方法来扩大蜂巢，防止产生分蜂情绪；增加继箱，应在没发生分蜂情绪之前进行。

七、春季管理注意事项

1. 蜜源丰富时，检查蜂群可在白天温暖时进行。蜜源缺乏时，早晨检查蜂群，注意盗蜂。

2. 依据气温变化和早晚温差情况调节巢门大小。

3. 注意弱群饲料情况和盗蜂情况。

4. 病群的巢脾不能互相调整，以免传染健康蜂群。

5. 蜂群出窖后的一段时间内，气温比较低，只有在局部检查的基础上，才能确定是否进行全面检查。

第二节　分蜂期管理

蜂群内子脾超过7～8张，容易产生分蜂现象。蜂群有分蜂情绪时，群内出现王台，蜂王产卵量明显下降，甚至停止产卵，工蜂出现怠工现象。

一、自然分蜂的控制

造成分蜂的因素有很多，分蜂是各个因素综合作用的结果。

要针对各个时期及外界条件采取不同的措施，才能控制分蜂，利用好分蜂在养蜂生产上可以化消极为积极。其措施主要有以下几点。

1. 选用良种。

2. 更换新王。

3. 繁殖期适当控制群势。

4. 适时取蜜。

5. 造脾。

6. 定期检查，毁除王台。

7. 生产王浆。

8. 扩巢遮阳。

二、自然分蜂群的处理

收回的分蜂群单独饲养，利用其采集能力进行生产。

分蜂原群待新王出房或诱入一只产卵蜂王，使其发展成一个新的蜂群。

有分蜂情绪的蜂群

（张连江　摄）

中蜂分蜂团

（冯毅楠　摄）

第三节　流蜜期管理

一、流蜜期管理准则

1. 适时取蜜，消除分蜂热，增加产量。

2. 组织强群采蜜。根据群势发展，若估计采蜜时群势不足，可提前20天补充封盖子脾。

3. 主要流蜜期，依据蜂群具体情况，花期长短，下一花期与现花期相距时间长短等，利用"强群采蜜，弱群繁殖""新王群采蜜，老王群繁殖""单王群采蜜，双王群繁殖"等办法，解决采蜜和繁殖的矛盾。

二、采蜜群的组织

蜂群采蜜期和繁殖期的组织方法是不同的，一般采蜜期前

寒地养蜂技术简明本

62

10～15天对蜂群（对封盖子和幼虫脾）进行调整。具体提前时间，根据蜜源具体情况和蜂群发展状态而定。具体的调整方法有以下几种。

1. 巢脾调整：继箱变成无子采蜜区，巢箱成为繁殖区。

2. 主副群调整：主副群在日常管理中是摆放在一起的，在大流蜜期时，蜂群之间气味差异比较小。正值流蜜时，可将副群搬走，副群的外勤蜂就会飞入主群，加强主群的采集能力。同时可将副群的老熟封盖子脾提入主群中，加强主群的后续力量。

3. 合并弱群。

4. 利用新王采蜜。

三、采蜜群的管理

采蜜期的蜂群管理，主要是保持蜂群旺盛的生产能力。具体操作方法有以下几种。

（一）定期全面检查

一般7天全面检查一次，毁除群内王台，以免发生分蜂。如相邻两次取蜜之间相隔时间7天以内，可结合取蜜进行全面检查。

（二）换王

新王诱入成功或交尾产卵后，取蜜时，相邻蜂群中的工蜂易飞入新王群，造成围王现象，取蜜后要注意观察。如大量换王则在摆放蜂箱时要相距3～5米。

（三）怠工群的处理

采蜜时期，发生怠工现象，及时检查蜂群，去除王台。如有新王，将老王换掉，同时从其他蜂群中调入几张卵虫脾，增加蜂群工作负担，消除分蜂热。

第四节　产品采收

一、取蜜

（一）取蜜时间

取蜜时间安排在每天蜂群大量进蜜之前。原则上只取生产区的蜂蜜，不取繁殖区的蜜；流蜜后期，给蜂群留足饲料。

（二）取蜜过程

取蜜过程就是将蜂群中成熟的蜂蜜分离出来的过程。主要包括清洁场地、准备工具、脱蜂、切割蜜盖、分离蜂蜜和过滤装桶。

切割蜜盖

（蜂友　摄）

第三章　蜂群季节性管理

分离蜂蜜

（蜂友　摄）

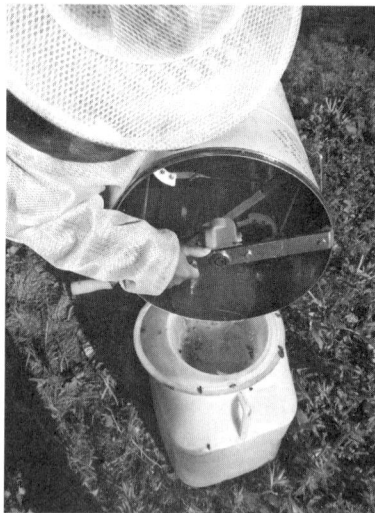

过滤装桶

（蜂友　摄）

二、王浆采收

王浆是养蜂的主要产品之一，也是养蜂的主要生产项目之一。

（一）王浆生产的基本条件

1. 强壮的蜂群

需要大量哺育蜂，群势达到8足框蜂以上。健康无病，群内各龄蜂齐全，巢脾完整。

2. 充足的饲料

需要外界有丰富的蜜粉源。有粉源的情况下，通过饲喂白糖水也可以生产王浆。

3. 适宜的温度

对气温要求不严格，一般气温达到15℃时较为有利，若气温高于35℃、相对湿度在80%以上，对生产王浆不利。

4. 产浆工具

有王浆框、移虫针、塑料台基、采浆用具、镊子、刀片等。生产工具的数量依据生产规模和人力而定。

5. 技术人员

熟练掌握蜂群管理和生产王浆的操作技术。

（二）生产王浆的方法

操作程序如下：

1. 组织产浆群

隔王板将蜂群隔成两个区，继箱为生产区，巢箱为繁殖区。

2. 准备适龄虫

利用蜂场中的新分群、弱群、蜂王产卵的交尾群等作为供虫群。

3. 安装王浆框

采用塑料台基条安装王浆框。

4. 移虫

第一次移虫前用排笔给清扫好的台基里刷些王浆。

5. 取浆

移虫后68～72小时后即可取浆。

6. 冷藏

过滤分装的王浆及时冷藏。从采浆过滤分装到冷藏不要超过4小时。

三、蜂花粉采收

（一）采粉时期

蜂群里有多余花粉，限制蜂王产卵，影响蜂群发展时，可采收花粉。

（二）采粉方法

用脱粉器，截流蜜蜂携带回巢的花粉团。

脱粉器

（刘祥伟 摄）

（三）采收花粉蜂群的管理

1. 合理调整群势：有大量适龄采集蜂。

2. 用优良蜂王：群内需长期保持较多的幼虫。

3. 蜂巢内保持饲料蜜充足。

4. 定时采收花粉，及时收集托盘中的花粉。

（四）花粉的干燥处理

1. 烘干法。

2. 日光晒干法。

四、蜂胶采收

蜂胶是蜜蜂从植物幼芽及树干上采集的树脂，并混入其上颚腺分泌物和蜂蜡等加工而成的一种具有芳香气味的胶状固体物。蜜蜂采集蜂胶的目的是堵塞孔洞和包埋尸体。

1. 直接收刮。

2. 覆布取胶。

3. 网栅取胶。

蜂胶

在蜂箱上可直接刮取的蜂胶

（王静　摄）

蜂胶

收刮聚集后的蜂胶

（蜂友　摄）

第五节　秋季管理

主要目的是利用一年中最后一个花期繁殖好蜂群，准备足越冬饲料。

一、培育适龄越冬蜂

1. 选择场地：选地势高燥、避风、向阳或半阴半阳的地方做放蜂场地。周围应有较充足的蜜粉源。如无蜜源，一定要有粉源。

2. 治螨。

3. 更换老劣蜂王，全部换成新王。

放蜂场地

（王静　摄）

72

4.调整巢脾：组织蜂群培育越冬适龄蜂时，一般气温较低，保持蜂脾相称。管理过程中，注意去除王台。

5.保证群内饲料：秋季繁殖阶段，外界蜜粉源充足，蜂群进蜜比较快，必要时可取蜜。粉过多，采收花粉。若缺蜜，饲喂时，注意盗蜂。

6.幽王断子：培育越冬蜂时，蜂王产卵21天至1个月时，根据外界情况将蜂王幽闭起来，使蜂群断子。

幽王断子

（蜂友 摄）

二、饲喂越冬饲料

（一）调整蜂群

边调整蜂群边加饲喂器。多余巢脾全部抽出，按越冬所需巢脾数量留脾，蜂多脾少。越冬饲料喂完后所留巢脾够越冬即可。

（二）准备饲料糖

以一框蜂2.5千克白糖，计算全场所需白糖。以白砂糖：水=10∶7的比例，充分搅匀，准备越冬饲料。一般提前2～3天把糖化好，傍晚饲喂。

（三）饲喂糖浆

傍晚连续饲喂4～5天，蜂群中大部分巢脾封盖，不封盖的，要见白茬。

（四）越冬定群

越冬方式、越冬期长短，对群势要求有所不同。一般每群要达到1千克，基本是4足

白茬

巢脾封盖

（蜂友　摄）

框蜂以上。低于1千克标准的蜂群合并，北方越冬蜂群越强越好。喂完越冬饲料检查蜂群，同时按标准定群。

三、治螨

喂完越冬饲料，检查定群时即可治螨。晴天中午、气温较高时，蜜蜂处于安全临界温度之上，抓住此时治螨，隔天一次，连治2～3次，直到蜂群没有落螨为止。

第六节　冬季管理

越冬管理，要求延长工蜂寿命，减少死亡率，降低饲料消耗。依据外界气温的变化和蜂群饲料消耗的情况，及时做好管理工作。

一、室外越冬

把蜂群放在室外场地里越冬称室外越冬。

优点：蜂群不下痢，不伤热，箱内不潮湿，出窖后蜜蜂生活力强；需要条件低，不需要比较多的投入。

缺点：检查蜂群条件差。室外越冬的蜂群要做到脾少、蜜多、蜂多、蜂路大。

挖沟加保温室外越冬

此法简便易行，适于黑龙江省南部地区。蜂群越冬前，选地势高燥、向阳背风的地方，按蜂群数量挖沟。沟的宽度比蜂箱宽20厘米即可，长可放20～30箱蜂，沟的深度一般在25厘米左右，挖沟的土应放在后侧，使后侧的土与蜂箱持平。

11月中旬，蜂箱后侧及箱顶盖上锯末或树叶，箱后空间塞满保温物。11月末白天温度在−15℃左右时，进行箱前包装，用木板或草帘斜立蜂箱前，形成一定坡度，在蜂箱前形成走廊，便于通风，每5个蜂箱留一个通风口，走廊内放鼠药，巢门放防鼠器，斜坡的木板上盖8～10厘米厚的锯末或树叶，结合处培严，使锯末或树叶形成一个保温壳，保温壳内的蜂群靠通风口进行出气，维持正常的越冬生活，通风口内径是10厘米。

应用此法的室外越冬蜂群，前期要注意防止伤热，初期包装的蜂群，箱前温度会逐渐上升，正常情况稳定在−5℃左右为宜，−2℃时大群会伤热，发现温度达到0℃时要多扒几个临时通风口，使温度保持在−5℃左右，弱群的温度要稍高些，一般保持在−3℃。温度稳定时再包装严。室外越冬的蜂群，蜂箱的温度会随着外界温度变化而上下波动，很难控制恒温，正常温度在−6～−3℃。

室外越冬蜂群，若是越冬健康，且群势较壮，蜂群蜜足质优，从进入越冬期直至排泄，只要做到温度高时不伤热，即越冬团不散；温度低时箱内有轻霜而无冰洞，越冬就会成功。

放置越冬蜂的沟
（吕云岭　摄）

室外越冬的蜂群
（韩秀平　摄）

二、室内越冬

室内越冬是指东北和华北、西北北部及少数高寒地区的蜂群室内越冬。这种越冬方法成功率高，管理方便，必要时可随时处理出现的问题，因而成功的把握比较大，有室内越冬条件的蜂场都可采用此法越冬。

（一）蜂群入室

1. 入室时间

气温下降基本稳定，不再回升，阴处冰雪不再融化时，即可将蜂群搬入越冬室。具体时间一般在11月中下旬。根据实际情况和经验适时入室。

2. 清扫越冬室

准备越冬前，彻底清扫越冬室，检查其保温和遮光情况，并作必要的处理。室内撒石灰粉进行消毒。温湿度表放于室内的正中心位置。如室内空间比较大，不同位置可多放几只温湿度表。入室前打开越冬室的大门和通气孔，使室内通风干燥。

3. 蜂箱的搬运和摆放

选冷天的清晨，搬运蜂箱时保持平衡、轻稳，巢脾在箱内不能移动，蜂团不受震动，保持安静状态。

　　根据蜂群的数量设定摆放位置。蜂群数量不多，只需在地面摆放时，蜂群离四周墙壁20厘米以上，要求人员可以通过，两排背靠背，巢门朝向通道。

　　蜂群数量较多，需准备放置蜂群的框架。每层的高度要求放置蜂箱后能从蜂箱内提出巢脾，框架的高度要考虑蜂群的数量和越冬室的高度。框架每层要背靠背放置两个蜂箱。框架的摆放要离墙壁20厘米以上，框架之间要有较宽敞的通道。入室时，蜂群摆放在框架上。强群放于下层和温度较低的地方，弱群放在中上层和温度较高的地方。

蜂箱的摆放

（吕云岭　摄）

4. 保持蜂群空气流通

蜂箱内不加保温物，一般不盖大盖，如需盖上大盖，要将大盖的气窗打开，以便空气流通。

5. 温度调节

温度一般控制在-2～2℃。最高不应超过5℃，并且是短时间的。最低不超过-5℃。如温度高，可开大通气孔，加强通风。如温度过低可缩小通气孔。

6. 湿度控制

相对湿度保持在60%～65%。

7. 防鼠害

入室越冬前，缩小巢门、关好大盖上的通风门。用器械和鼠药消灭鼠害。

8. 越冬蜂群的观察

蜂群入室前几天，勤看室内温度和蜂群变化，室温基本稳定在所需范围时，减少入室次数，一般20天左右观察一次。越冬后期个别蜂群会出现缺蜜现象，10天左右观察一次。

蜂群入室一个月后，群内死蜂逐渐增多，每月掏蜂一次。动作要轻，防止振动蜂群。观察掏出的蜂尸，判断越冬情况。

正常越冬蜂群会发出微微的嗡嗡声。呼呼声表示蜂群内温度高。唰唰声表示温度过低，可盖上覆布。如听到声音极其微弱，说明蜂群严重虚弱或饥饿，要立即补救。

9. 蜂群出现问题的处理

（1）有蜜蜂飞出，可能原因：温度高，干燥；有螨害。此时查看温度和湿度。温度高、干燥，开大通气孔，加强通风。另外，室内悬挂浸湿的麻袋或向地上洒水。严重干燥的蜂群从巢门喂水。

（2）观察掏出的蜂尸，判断越冬情况，进行妥善处理。

蜂尸残缺不完整，说明有鼠害。

死蜂发霉变烂，说明室内潮湿。

死蜂吻伸出，可能是缺蜜。

箱底死蜂中混有大量结晶颗粒，说明蜂蜜结晶。

蜂群出现散团，手提巢脾感觉很轻，说明缺蜜。若蜜蜂还能正常活动，调入蜜脾。若蜜蜂不能活动，把蜜蜂移到温暖的室内，向蜜蜂身上喷洒稀薄的温暖蜜汁。待全部苏醒后，用蜜脾重新布置蜂巢。

腹部膨大，全身发黑，粪便稀而臭，说明蜜蜂下痢。发现下痢的蜂群，如外界不适合排泄，可把蜂群搬入17℃左右的室内，关闭箱门3～4小时，蜂群变暖，然后按次序搬进明亮的室内，摆在窗前，箱门踏板要搭在窗台上，打开巢门，让蜜蜂出巢排泄飞行。此时检查蜂群，清除蜂箱中的蜂尸和霉迹，取出玷污的巢脾。如是甘露蜜引起下痢，要提出含甘露蜜的蜜脾，换上好蜜脾。排泄完后拉上窗帘，只在箱门处有光亮，促使蜜蜂飞回蜂箱。全部进箱后，关闭巢门，抬到外间，待蜜蜂安静后抬回越冬室。室内排泄只是一种挽救措施，不能挽救蜂群的全部损失，秋季要预防此现象的发生。

如果全场蜂群在越冬前发生下痢，巢脾表面、箱门口及框梁上都有大量粪便，蜂体发暗，腹部膨大，这时采用室内排泄已无济于事，唯一有效的办法是适时运到南方排泄繁殖。从时间上看12月中下旬就可运蜂。若发现较晚，于1月上中旬起运，虽对繁殖不利，但仍有挽救蜂场的作用。

第四章

转地饲养

转地饲养，又称放蜂，是指把蜂群运送到有蜜源植物开花的地方，进行繁殖、生产或授粉。根据放蜂路程长短把转地饲养分为长途转地和短途转地两种，即俗称的大转地和小转地。转地饲养，可实现追花夺蜜，获得丰富的蜂产品和为更多的农作物授粉。

我国疆域辽阔，蜜源种类丰富，花期交错、四季不断，相互衔接，为转地饲养提供了极为有利的条件。

第一节　转地路线的制定

转地放蜂前，认真调查蜜源和有关条件，制定出妥善的路线。

一、调查蜜源

（一）蜜源面积

实地察看主要蜜源面积，注意放蜂点的有效采集面积。主要蜜源花期前后是否有辅助蜜源植物，以此确定是否提前进场和延后离场。

（二）长势和花期

长势不良的植物，一般泌蜜量比较差甚至无蜜。瘦弱密植，开花早些；长势较好，开花晚些。木本植物，中年、壮年时期泌蜜量多，幼年期泌蜜量少。

花期因年份气候等条件不同，往往有所差异。干旱高温，花期提前；阴雨低温，花期推迟。

调查花期，要了解该植物历年的最早花期和最晚花期，再根据当年的气候和植物生长情况做出估计。

（三）流蜜情况

了解蜜源在当地历年的流蜜情况，有的年年有蜜（紫云英、油菜），有的有大小年之分（荔枝、龙眼、椴树）。

（四）气候特点

认真调查当地历年在流蜜期前和流蜜期中的天气情况，特别是当年的气象预报，以利于安排生产计划。流蜜期气候情况的好坏，对生产影响很大。蜜源植物的生长发育，与气候也有密切的关系，从而直接影响当年的花期和蜜源的丰歉。

（五）耕作习惯

有些蜜源植物由于耕作习惯会直接影响蜜蜂的采集。如作为蜜源的农作物，花期喷洒农药，或紫云英、苕子等绿肥作物耕翻过早，都会危及蜜蜂的安全，严重影响养蜂生产。

为了可靠地安排生产，需要细致调查当地历年的耕作习惯、种植计划、绿肥和牧草中的留种面积和喷洒农药等情况。

（六）交通条件

选择场地的同时，还应考虑到所选场址交通是否方便，是否有利于蜂群及时进出场。尤其要考虑雨天汽车是否可行。否则会受到一定损失和不便。

（七）放蜂密度

各种蜜源植物的流蜜量是不同的。同一场地安排蜜蜂数量时，考虑两个因素，一是蜜源植物的面积，二是流蜜量。

二、制定放蜂路线

制定放蜂路线，根据蜜源情况，将各地区的蜜源按花期先后，有机地连接起来。蜂群宜在何时、何地、何种蜜粉源进行繁殖、生产，应有一个全盘的计划，制定放蜂路线时，应考虑路程和稳产等因素。制定后，还要根据蜂群情况的变化，因时因地及时修订。

第二节 转地前的准备

一、物资准备

根据外出时间长短、养蜂目的，对所需生产用具和生活用品做周密考虑。

带全所有用具，生产用具主要有蜂箱、巢脾、巢础、巢框、王浆框、隔王板、分蜜机、饲料糖等，其数量根据蜂场规模、蜂群基础、劳力情况、物质条件和饲养目的来决定。

物资短缺影响生产；携带过多增加运输费用和劳动负担。

二、运输准备

选择性能好的汽车。

选择有多年经验的司机，如上山区，司机要有走山路的经历。

所用运输的车不能运过农药，以免蜜蜂中毒。

养蜂员可根据自己的蜂群数量考虑雇谁的车或几个蜂场联合雇车。

准备运输的同时，要掌握运输中的有关规定。

三、蜂群的调整

繁殖期间的弱群，转地前加足蜜脾或提前喂足饲料即可。

强群转地前进行一次调整，尤其在高温季节，以减少外界不利因素的影响，达到安全运蜂的目的。

（一）调整蜂数

日常管理时，提出强群中多余的封盖子脾补助弱群。

（二）调整子脾

原则上强群少留，弱群适当多留。

（三）调整蜜脾

留封盖的深色脾，抽出浅色脾。还要注意粉脾的调整。

（四）添加水脾

高温干燥天气，蜂群离场前，可根据具体情况在蜂箱内加一个水脾。

（五）排列巢脾

中小蜂群，按原巢脾顺序装钉即可。强群中的巢脾排列，应有利于蜂群散热，同时也要维持蜂群的统一性。

（六）无王群的处理

如发现蜂群失王，及时诱入蜂王或进行合并。

（七）交尾群的处理

组织交尾群时，要避开转运时期。

四、蜂群的包装

蜂群包装工作主要是将巢脾与蜂箱、继箱与巢箱固定起来，以免蜂群在长途转运中因颠簸松散，发生事故。包装工作一般应在转运前一两天进行。一般采取分批包装的办法，将继箱群的巢箱和不必调整或少调整的蜂群先包装。

第三节　装卸蜂群

装卸前做好准备工作，如打开蜂群气窗、准备好车并要保持清洁、人员物资等。

根据蜂群数量，确定吨位和车型，装车时车顶距地不得超过4米。

装卸蜂群应轻巧。

装卸蜂群

（谢明明　摄）

第四节　运输途中的蜂群管理

一、温暖季节运蜂的途中管理

适时喂水、加强通风、喷水降温、装冰降温、注意遮光等，必要的时候要喂饲以及途中放蜂几天。

开巢门长途运输，运蜂前20天要促使蜂王多产卵。

二、寒冷季节运输的途中管理

寒冷季节运输蜜蜂，气温和湿度比夏天低，此时蜂群群势比较弱，蜂群运输比夏季要安全。主要有秋后南运繁殖和低温季节运输两种。

（一）秋后南运的途中管理

根据交通工具采取相应方法。汽车运蜂（8—9月），白天气温较高，运到较暖和的地区，中途可放蜂几次，严防工蜂伤热或闷死。

（二）低温季节运蜂的管理

低温季节运蜂，主要指最低气温低于蜜蜂安全临界温度以下时的运蜂。此时运蜂，伤热和闷死蜜蜂的可能性小，冻死蜜蜂的可能性大。为了防止蜜蜂冻死，包装尽量采用箱外操作，避免剧烈震动。一般包装在13℃以上的中午进行，一时气温达不到13℃，又必须立即出运的，可用海绵条挤压固定巢脾，然后用钉子固定纱盖。装卸蜂群应轻巧。

第五章

蜜蜂病虫
敌害防治

蜜蜂病虫敌害严重影响我国养蜂生产，一旦发生，轻则造成蜜蜂体衰群弱，影响蜂产品产量、质量和农作物授粉，重则造成蜂场毁灭、蜂业破产。

按疾病的病原分类：

1. 侵染性病害

包括细菌病、真菌病、病毒病、原生动物病。

2. 侵袭性病害

包括各种寄生螨、寄生性昆虫、寄生性线虫等。

3. 非传染性病害

包括遗传病、生理障碍、营养障碍、代谢异常、中毒以及一些异常的行为等。

第一节　蜜蜂细菌病

一、美洲幼虫腐臭病

该病常使2日龄幼虫感染，4—5日龄幼虫发病。首先体色明显变化，从正常白色变黄、淡褐色、褐色直至黑褐色。同时，虫体不断失水干瘪，最后紧贴于巢房壁，难以清除，似鳞片状物。蛹死亡干瘪后，吻向上方伸出，是本病的重要特征。可拉丝，发鱼腥臭味。插花子脾。仅西方蜜蜂时有发生。

二、欧洲幼虫腐臭病

该病一般只感染小于2日龄的幼虫，通常病虫4—5日龄死亡。患病后，虫体变色，失去肥胖状态。从正常白色变为淡黄色、黄色、浅褐色，直至黑色褐色。幼虫尸体呈溶解性腐败，因而幼虫的背气管清晰可见。随着变色，幼虫塌陷，扭曲，最后在巢房底部腐烂，干枯，成为无黏性，易清除的鳞片。虫体腐烂时有难闻的酸臭味。不仅西方蜜蜂会感染该病害，东方蜜蜂特别是中蜂也会感染，且发病比西方蜜蜂严重得多。

三、其他细菌性病害

（一）败血病

病蜂烦躁不安，不取食，无法飞翔，迅速死亡。死亡肌肉迅速腐败，肢体关节处分离，即死蜂的头、胸、腹、翅、足分离，甚至触角及足的各节也分离。解剖病蜂，其血淋巴变为白色，浓稠。

该病害主要发生于春季和初夏多雨季节。传染源主要为污水坑、沼泽地。是成蜂病害。1928年首次报道，目前广泛发生于世界各地。在我国北方沼泽地带，时有此病发生。多发生于西方蜜蜂。

（二）蜜蜂副伤寒病

病蜂腹胀，行动迟缓，不能飞翔，下痢。解剖病蜂，其中肠灰白色，中后肠膨大，后肠积满黄色粪便。

该病主要发生在冬末及早春，污水是污染源，病菌可在污水坑中营腐生生活。蜜蜂采水时随污水进入蜂群。该病是一种成蜂病害。在世界许多养蜂国家都有发生，我国也有发生。多发生于西方蜜蜂。

（三）蜜蜂螺原体病

病蜂腹部膨大，行动迟缓，翅微卷，下垂，不能飞翔，只能在蜂箱周围地面爬行，解剖病蜂，中肠变白肿胀，环纹消失，后肠积满绿色水样粪便。

发病季节明显，主要在冬末或早春。阴雨天严重，寒流后严重，使用代用饲料、劣质饲料为蜂群越冬饲料的蜂群发病严重。该病是蜜蜂的一种成蜂病害。目前仅发生于西方蜜蜂。

四、防治方法

细菌病害的防治方法参考附录1《蜜蜂病虫害综合防治规范》（GB/T 19168—2003）。

第二节　蜜蜂真菌病

一、蜜蜂白垩病

患白垩病的幼虫在封盖后的头两天或在前蛹期死亡。幼虫被侵染后先肿胀，微软，后期则失水缩小成坚硬的块状物。雄蜂幼虫比工蜂幼虫更易受到感染。重病群，留下部分零散的封盖房，其中有结实的僵尸，当摇动巢脾时能发出声响。

该病发病的季节性较明显，一般为春季及初夏，多雨潮湿，温度变化频繁，发病率较高。目前在全国范围西方蜜蜂都有发生，危害严重。

二、蜜蜂黄曲霉病

该病现仅发生于西方蜜蜂。

不同日龄幼虫和蛹都有可能感染该病。患病初期幼虫变软，后期成苍白带褐色或黄绿色，死亡后失水并变得十分坚硬，虫尸表面长满绒毛状黄绿色的霉菌。气生菌丝会将虫尸与巢房壁紧连在一起。

成蜂也会受到黄曲霉的侵染。成蜂患病后最显著的症状是工蜂不正常地骚动、无力、瘫痪、腹部通常肿大。死蜂腹部常表现与幼虫整个躯体相似的干硬，死蜂不腐烂，体表上形成孢子。

黄曲霉的孢子在自然界中大量存在，如霉变的谷物、花生等。自然界蜜蜂黄曲霉病的传播可能是随气流自由扩散的孢子感染了蜂群，或者是真菌孢子先污染了花粉，甚至巢房的粉房就可能是真菌最先繁殖的地方。

三、防治方法

真菌病害的防治方法参考附录1《蜜蜂病虫害综合防治规范》（GB/T 19168—2003）。

第三节　蜜蜂病毒病

一、蜜蜂慢性麻痹病

慢性麻痹病有两种独特的症状，分为Ⅰ、Ⅱ两型。

Ⅰ型（大肚型）：大肚型是该病的典型症状。感染此病毒的病蜂腹部明显膨大，不能消化。在巢门前或蜂箱附近缓慢爬行，不能飞翔，爬行过程中翅和身体经常性颤抖，有时一些蜂会在蜂箱顶部结团，拉出中肠后可见黄色液体、黑褐色或水样状液体。患病个体常在5～7天死亡。

Ⅱ型（黑亮型）：现在发生并流行于春初、秋末或冬初，其典型症状为背腹部油黑发亮，绒毛脱落。这一型病蜂，刚被侵染时还能飞翔。其体表绒毛慢慢脱落，呈现出黑色的相对大的腹部，个体略小于健康蜂。病蜂常被健康蜂啃咬攻击，将其驱出蜂群，当它回巢时又遭守卫蜂的阻挡，于是行踪不定，到其他蜂群的巢门口盘旋，好像是盗蜂，几天后蜂体表现振颤，不能飞翔，并迅速死亡。

这种疾病，在我国主要发生在南方潮湿、气温较高的地区，一般不会引起较大的损失，但有时也会造成严重的危害。北方寒冷地区较少见，即使发生也仅限于少数蜂群。

二、蜜蜂死蛹病

病害的主要症状：封盖蛹房穿孔，露出白色或褐色的蛹头，病蛹发育不良，体瘦小，死亡后变黄，腹部呈暗绿色，接着头、胸、腹依次变为黑褐色，同时失水、干瘪成黑色的硬块，不腐烂，无臭味，病害终年可见，在春、秋季尤为严重。

防治方法：换蜂王并结合中草药（如柴胡、板蓝根）饲喂。

第四节　蜜蜂原虫病

——蜜蜂微孢子虫病

一、发生情况

全世界西方蜜蜂均有发生。在我国，孢子虫病也广泛分布，且发病率较高，经常与其他病原物一起侵染蜜蜂，造成并发症，给蜂群带来很大损失。

二、病原

孢子虫，椭圆形，米粒状，在显微镜下带蓝色折光；孢子内藏卷成螺旋形的极丝。

三、症状

被孢子侵染的蜜蜂无明显的外观疾病症状。解剖被侵染蜜蜂可发现，中肠由蜜黄色变为灰白色，环纹消失，失去弹性，极易破裂。

四、防治方法

1. 蜂具的消毒

醋酸熏蒸：每只蜂箱用80% ～ 98%醋酸10 ～ 20毫升，洒在布条上，每个欲消毒巢脾的继箱挂一片。将箱体摆好、盖好箱盖，密封，熏蒸24小时。气温低于18℃，应延长熏蒸时间至3～5天。通风数日，除去酸味后，箱、脾便可使用。

注意事项：蜂具消毒一定要脱蜂，不带粉、蜜，以防止蜜蜂损失，并提高消毒的效果。

2. 蜂群饲喂酸饲料，提高对蜜蜂孢子虫的抗性。

3. 药物防治

（1）烟曲霉素。烟曲霉素会破坏或阻止孢子虫营养生长，并抑制小孢子DNA的复制，而对寄主细胞无不良影响，故用烟曲霉素防治蜜蜂微孢子虫病效果十分理想，现为国外唯一的防治孢子虫药。

使用方法：蜂群越冬前饲喂越冬饲料时，即将烟曲霉素拌入蜂蜜或糖浆中，每群蜂喂8升糖浆，每升糖浆含25毫克烟曲霉素。将药物拌入糖浆其效果优于拌入花粉、糖粉、糖饼中饲喂。

（2）5框蜂用1克甲硝唑碾碎后，加入酸饲料中配成复方酸饲料，饲喂蜂群。

综合防治方法参考附录1《蜜蜂病虫害综合防治规范》（GB/T 19168—2003）。

第五节　寄生虫病害

一、大蜂螨

（一）分布

遍布全国各地，已成为我国养蜂业难以根除的病害。

（二）为害主要症状

表现为死虫死蛹，成蜂的工蜂和雄蜂畸形，四处乱爬，无法飞行。

（三）为害特点

成螨体外寄生蜂体，蜂房内繁殖危害幼虫和蜂蛹。

（四）防治方法

采用蜂群人为断子，使螨无法繁殖，暴露于蜂体上，再用药剂进行治疗。

具体防治方法参考附录1《蜜蜂病虫害综合防治规范》（GB/T 19168—2003）和附录2《牡丹江蜜蜂养殖技术规程》（DB 2310/T 094—2023）。

大蜂螨

（蜂友 摄）

二、小蜂螨

（一）分布

分布范围比大蜂螨小。寄主较广泛。

（二）为害症状

主要寄生对象是封盖后的老幼虫和蛹。靠吸食幼虫和蛹体汁液进行繁殖，造成幼虫无法化蛹，或蛹体腐烂于巢房。能出房的幼蜂也是残缺不全。受为害的幼虫，其表皮破裂，组织化解，呈乳白色或浅黄色，无特殊臭味。巢脾上会出现形如缝衣针孔状大小的穿孔。

小蜂螨繁殖速度比大蜂螨快，造成烂子也比大蜂螨严重，若防治不及时，极易造成全群烂子覆灭。

（三）防治方法

1. 断子防治方法

利用小蜂螨在蜂体上仅能存活1～2天的特性，采用人工幽闭蜂王12天或诱入王台断子方法治螨。

一般工蜂发育过程中，封盖期的幼虫和蛹期为12天，将蜂王幽闭或介绍将要出房的王台，把蜂巢内的幼虫摇出，卵可使用糖水浇浸致死，同时全部割除雄蜂蛹，这样12天后可使蜂群内彻底断子。其后放王，3天后蜂群才会出现幼虫，而这时蜂体上的小蜂螨已自然死亡。如果介绍王台，新王产卵，卵孵化成幼虫后，大多也超过了12天。因此，幽闭蜂王断子12天，或给蜂群介绍王台断子，都可有效防治小蜂螨。

2. 分区断子防治

使用一隔王板大小的细纱质隔离板将继箱与巢箱隔离开，平箱或卧式箱则用框式隔离板。注意隔离一定要严密，不能使蜂螨通过。

每区各开一巢门，将蜂王留在一区继续产卵繁殖，将幼虫脾、封盖子脾全部调到另一区，造成有王区内2～3天无幼虫。待无王区子脾全部出房后，该区断子2～3天，待小蜂螨全部死亡后，再将蜂群并在一起。以此达到彻底防治小蜂螨的目的。相对来说，该法比幽闭蜂王断子更为优越，它既保持了蜂群的正常生活和繁殖，工作人员劳动强度也较低。

3. 毁弃子脾

螨害严重的蜂群，多数蛹无法羽化而死亡。这种情况下，集中所有封盖子脾烧毁，然后进行药物治疗，可以保存一部分成年蜂。通过补充无螨子脾，可恢复蜂群生产力。

其他防治方法参考附录1《蜜蜂病虫害综合防治规范》（GB/T 19168—2003）和附录2《牡丹江蜜蜂养殖技术规程》（DB 2310/T 094—2023）。

第六节　蜜蜂非传染性病害

因遗传因素和不良因素引起的非传染性疾病主要为卵干枯病、蜂群伤热、佝偻病、僵死幼虫、幼虫冻伤和下痢病。

一、卵干枯病

（一）病因

1. 遗传因子

蜂王近亲交配，其后代生活力降低，繁殖过程中产下不孵化而干瘪的卵。

2. 药害

使用药物治螨不当，如用硫黄药物熏脾治螨时，导致蜂卵药物中毒。

3. 高温干热或低温引起

高温干热时，群内哺育蜂不足，易造成边沿卵圈干瘪不能孵化；早春低温，尤其当有寒潮侵袭时，巢内护脾蜂紧缩，导致边沿卵圈受冻干枯死亡。

（二）症状

1. 遗传型卵干枯

干枯的卵散布于正常孵化的幼虫中间，不成片，比健康卵小而色暗，着房位置各异。

2. 干热或冻害型卵干枯

着房位置较一致，卵呈暗黄色干瘪，成片，多位于边脾外侧或子脾外沿。

3. 药害型卵干枯

卵成片或整脾干瘪，色泽暗黄色，较易识别。

（三）防治方法

选择生活力强的蜂群培育蜂王；保持蜂脾相称；早春做好蜂群保温，盛夏注意给蜂群遮阳，保持巢内通风良好，打开巢门；补充饲喂蛋白质饲料，增强群势，提高抗逆能力；应用药物治螨防病时，要严格掌握用药时间和药量。

二、僵死幼虫

（一）病因

蜂王近亲交配产生的后代生活力降低，在恶劣的环境条件下，造成各发育阶段的幼虫停止发育而死亡。

（二）症状

各阶段雄蜂和工蜂幼虫及蛹均可死亡，死虫体色最初呈苍白色，虫体变软，以后逐渐变为褐色或黑色。死虫尸体无黏性，无气味。

（三）防治方法

用生活力强的健康蜂王更换病群中的蜂王，同时对蜂群进行补充饲喂，特别是增加蛋白质饲料，以增强蜂群的抗病力。

三、幼虫冻伤

（一）病因

由低温引起幼虫死亡。多发生于早春巢温过低或寒流突然袭击时，弱群更易受到伤害。

（二）症状

寒流过后，群内突然出现大批幼虫死亡，尤以弱群边脾死亡幼虫居多，死虫也不变软，呈现灰白色，逐渐变为黑色。幼虫尸体干枯后，附于巢房底部，易被工蜂清除。蜂群受冻严重的，封盖幼虫也可被冻伤，尸体难于清除，待工蜂咬破巢房盖后才能拖出。

（三）防治方法

加强蜂群饲养管理，饲料不足的蜂群及时补充饲喂；弱群，适当合并，增强群势，提高保温抗寒能力。早春要特别注意对蜂群的保温，保持蜂多于脾或蜂脾相称。

四、佝偻病

又名繁殖畸形，是蜜蜂的一种生理病害。

（一）病因

蜂王生殖器官受到损伤或蜂王受精不良而起。

（二）症状

封盖子脾上出现凸起蜂房，羽化出瘦小的雄蜂，生活力衰弱。另一种情况，蜂王在一个空巢房内产多粒卵，是由于蜂王受精不良所致。

（三）防治方法

更换蜂王。

五、下痢病

（一）病因

由不良饲料引起的。

（二）症状

多发生于冬季和早春，患病蜜蜂腹部膨大，肠道内积聚大量粪便，在蜂箱壁、巢脾框梁上和巢门前，病蜂排泄黄褐色并带有恶臭味的稀粪便。病情较轻蜂群，天气晴暖时，外出飞翔排泄后可自愈；病重群，飞行困难，为了排泄粪便常在寒冷天气爬出巢外，受冻而死，由于蜜蜂的大量死亡，常造成蜂群春衰。

（三）防治方法

1. 优质糖或蜜脾做越冬饲料；喂糖时要早喂、喂足。

2. 越冬前如发现有甘露蜜、结晶蜜或发酵变质的蜜，要撤出，换以优质蜜脾。

3. 越冬场地要保持干燥，防止潮湿，保持空气流通，保持蜂群安静越冬。

4. 患病蜂群，可在早春晴暖的中午撤出多余的巢脾，密集蜂数，揭开草帘晒包装物，以提高巢温，排出箱内湿气，使蜜蜂飞出巢外排泄。

六、蜂群伤热

（一）病因

1. 运输途中通风不良。

2. 越冬期间包装过早或过严，蜂群受闷，群内高温潮湿，引起蜜蜂死亡。

（二）症状

1. 运输途中伤热，蜜蜂极度不安，散出大量热，群内温度增高。严重时，巢脾融化，蜜从蜂箱内流出。随即出现大量蜜蜂死亡坠入箱底。死亡蜜蜂发黑，潮湿似水洗一样。

2. 越冬期伤热，主要表现为蜜蜂烦躁不安，常飞出巢外。箱内湿度大，温度高，严重者箱内保温物和巢脾潮湿，箱壁及箱底渗水，蜜脾发霉变质，蜜蜂腹部膨大，有时还伴有下痢症状。

（三）防治方法

1. 运输途中，打开巢门，加强通风，向蜂群内洒浇凉水，以降低巢温，保持蜂群安静。

2. 越冬期伤热，适当加大巢门，并减少保温物，同时撤出变质发霉的蜜粉脾，换以优质的蜜粉脾作为越冬饲料。

第七节　敌　　害

蜜蜂的敌害是指那些直接捕食蜜蜂或骚扰蜂群的动物。

一、胡蜂

（一）分布与危害

胡蜂科中的胡蜂，俗称大黄蜂，是我国蜜蜂的大敌害，也是世界养蜂业最主要的敌害之一。胡蜂体大凶猛，可随意在野外或蜂巢前袭击蜜蜂。在某些情况下，胡蜂还可进入蜂箱，危害蜜蜂的幼虫和蛹。在捕食中，胡蜂只取食蜜蜂的胸部，咬掉其头部和腹部，带着蜜蜂的胸躯飞回自己的蜂巢，用以哺育幼虫。

（二）防除方法

1. 人工扑打法

当蜂场上发现有胡蜂为害时，可用薄板条进行人工扑打，此法特别适用于第一代胡蜂的防除。

2. 毒饵诱杀法

把少量敌敌畏拌入少量咸鱼碎肉里，盛于盘内，放在蜂场附近诱杀。

3. 防护法

缩小巢门或在巢门处设置栅栏，以防胡蜂侵入。

二、大蜡螟

（一）分布与危害

大蜡螟几乎遍及全世界养蜂地区。分布主要受气候限制。气候温暖地区，大蜡螟繁殖迅速，分布广，危害较严重。寒冷地区，生活受限，危害很小。

大蜡螟的危害主要包括两个方面：一方面是对仓储巢脾、蜂箱、花粉等的危害；另一方面是对蜂群中蜜蜂幼虫或蛹的危害。大蜡螟只在幼虫期为害，其幼虫主要以蜂群中的老旧巢脾和花粉以及蜂粮为食料。

（二）防治方法

1. 加强饲养管理、饲养强群，及时更换新巢脾；经常清理箱底和框梁的蜡屑。堵塞缝隙，保持强群。

2. 贮存巢脾要严密、定期用冰醋酸或硫黄进行熏杀。

3. 巧杀脾内幼虫：子脾出现"白头蛹"，可先清除"白头蛹"，跟踪寻虫。若发现有淡色新鲜粪粒，说明幼虫在附近，可加以挑杀。若"白头蛹"面积过大，可提出暴晒或融蜡处理。

三、兽类敌害

为害蜜蜂的鼠类，常见的有家鼠、森林鼠、田鼠等。主要用鼠夹和鼠药等进行防除。

第六章 蜜蜂中毒

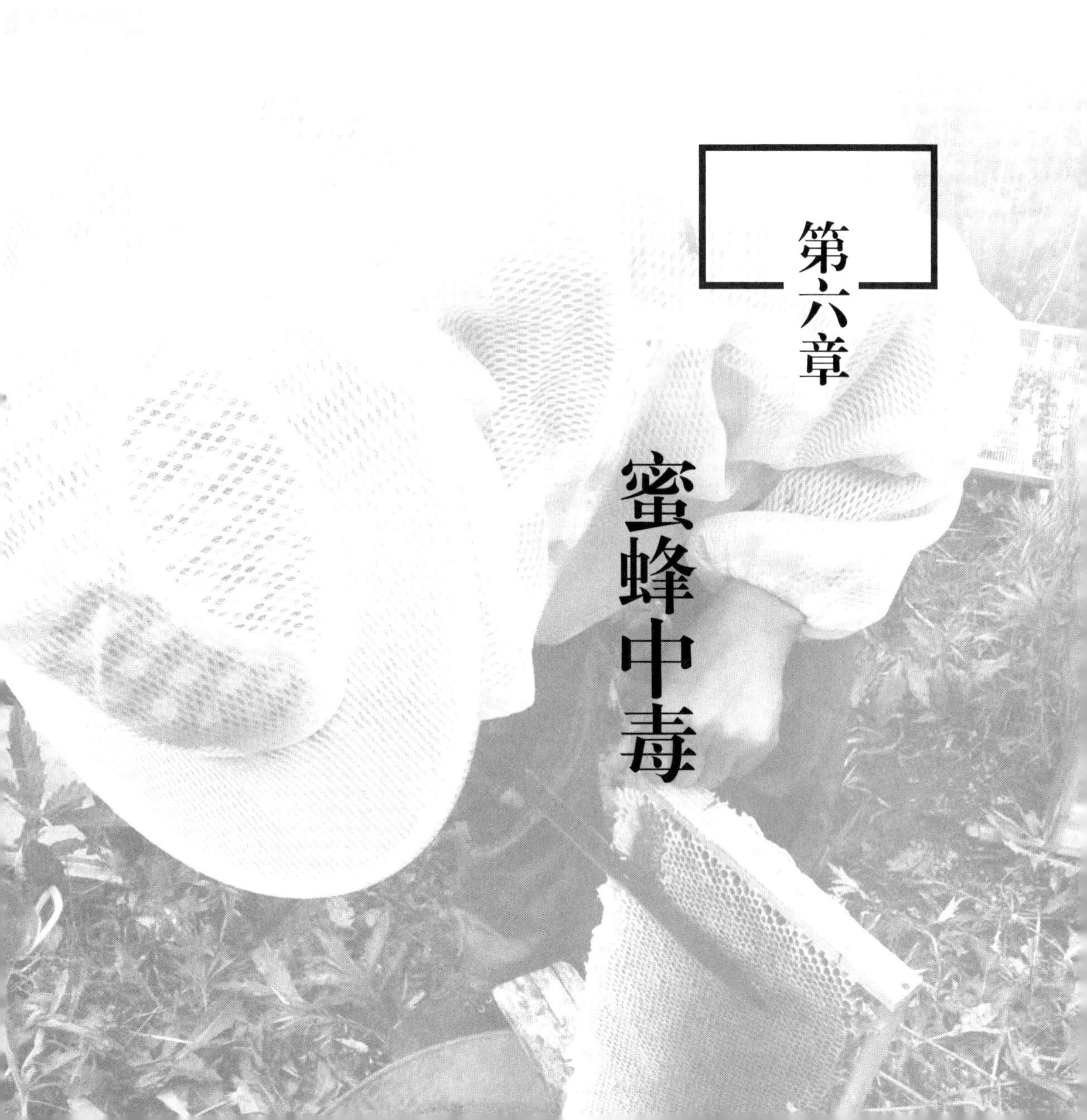

第一节　甘露蜜中毒

甘露蜜中毒是我国养蜂生产上普遍发生的一种非传染性病害，尤以早春和晚秋发生比较严重。

（一）发病原因

甘露蜜中含有大量的糊精和无机盐，因蜜蜂不能很好地消化而引起中毒死亡。

（二）症状

工蜂腹部膨大，无力飞翔，框梁、巢门口、巢箱附近有病蜂团。病蜂蜜囊膨大成球状，中肠环纹消失，常呈灰白色，含有黑色絮状沉淀，后肠常含蓝色至黑色的粪便。

（三）诊断方法

当可疑蜂蜜中含有甘露蜜时，特别是作为越冬饲料时，可采用以下方法进行测定。

1. 石灰水反应

取被测蜂蜜2～3毫升，加等量的蒸馏水稀释后，再加入2倍已澄清的10%～20%石灰水摇匀，在酒精灯上加热至沸腾。若溶液产生浑浊，并在静止数分钟后，试管底部出现棕色沉淀，即证明含有甘露蜜。

2. 酒精反应

按上述方法将蜂蜜稀释后，加入95%酒精10毫升，摇匀后，若发现白色混浊和沉淀，即证明含有甘露蜜。

（四）发生与环境条件的关系

生产实践证明，凡是干旱歉收的年份，蜜蜂甘露蜜中毒严重；外界缺乏蜜源时也有这种情况发生。此外，蜂群缺乏饲料、长期处于饥饿状态时，也容易发生甘露蜜中毒。

（五）防治方法

晚秋，外界蜜源结束以前，留足越冬饲料；及时迁移蜂群至无松、柏的地方越冬。

　　已经采集甘露蜜的蜂群，未进入越冬前，将箱内所含甘露蜜的蜜脾全部撤出，换以优质的蜂蜜或糖浆作为越冬饲料。如果蜂群因甘露蜜中毒而发生其他传染性病害时则应根据不同的病害，采取相应的治疗措施。

第二节　农药中毒

　　蜜蜂中毒虽然没有传染性，但一旦发病，可短时间内摧毁整场蜂群，给养蜂业带来极大的危害，导致某些局部地区无法养蜂。

　　1. 农药中毒常见症状

　　（1）全场蜂群突然出现大量死蜂。

　　（2）农药中毒的主要是外勤蜂。

　　（3）中毒蜂症状：成年工蜂中毒后，性情暴躁，在蜂箱前乱飞，爱寻衅蜇人、畜等；中毒工蜂正在飞行时旋转落地，肢体麻痹，翻滚抽搐，打转，爬行，无力飞行。最后两翅张开，腹部勾曲，吻伸出而死。有些死蜂还携带有花粉团；严重时，中毒蜜蜂由于无力附在脾上而坠落箱底，蜂箱底部积有大量的死蜂，全场蜂群都如此，而且群势越强死蜂越多。

（4）子脾上有时出现跳子的现象：当外勤蜂中毒较轻而将受农药污染的食物带回蜂巢时，常造成部分幼虫中毒而剧烈抽搐，从巢房脱出挂于巢房口，有的幼虫落在蜂箱底。有一些幼虫能生长羽化，但出房后残翅或无翅，体重变轻。当发现上述现象时，根据对花期特点和种植管理方式的了解，即可判定是农药中毒。

2. 预防措施

制定必要法规和条例，要求在使用有毒农药之前要通知施药地点3千米以内的蜂场，并提前2天让养蜂者搬迁蜂群，或采取其他有效保护蜜蜂的方法。

3. 急救方法

农药中毒的蜂群，若损失的只是采集蜂，箱内没有带进任何有毒的花蜜和花粉，且箱内具有充足和无毒的饲料时，不需要任何处置。如果幼蜂和哺育蜂也中毒，要求蜂场搬走，而且还应将蜂群内所有混有毒物的饲料全部清除，并立即用1：1的稀薄糖浆或甘草水糖浆进行饲喂。另外，还可考虑喂些解毒药物。例如，有机磷农药中毒的蜂群，可采用0.05%～0.1%硫酸阿托品或0.1%～0.2%的解磷定溶液进行喷脾解毒。

第三节　植物中毒

蜜蜂植物中毒一般只局限于某些地区，对蜜蜂的危害相对于农药中毒小些。然而在某些情况下，某种植物的花蜜和花粉也会给蜂群带来严重损失。

有毒植物对蜜蜂的毒害如果是花蜜，中毒症状往往在开花期出现，随着花期的结束而消失；如果是花粉，症状可以一直拖延到巢脾的花粉用完为止。

植物中毒较为渐进，时间拖得较长，通常每年在相同时期和地区会重复出现，危害程度每年都不相同。当成年蜂中毒时，在箱门口、离蜂箱一段距离的地面和植物的周围会出现成堆的死蜂。新出房的幼蜂会出现麻痹状，无力地在地面爬行，翅膀扭弯、起皱，或者不能从它的腹部脱下最后的蛹皮。

不同的有毒植物由于含有不同的毒素，对蜜蜂毒害的症状可能是不同的。

防治方法：花粉、花蜜和甘露蜜中毒与蜜源条件、气候条件、箱内贮蜜有一定的关系，防止蜜蜂中毒重在预防。

特别干旱时，经常向蜂群喂稀薄糖水，蜂箱副盖上洒水，保持蜂箱适宜的湿度，可减少蜜蜂的中毒。蜂蜜歉收年份，注意保持蜂箱内有足够的饲料贮备，减少蜜蜂外出采集有毒蜜、粉和甘露蜜。

　　若发现蜜蜂大量死亡，首先必须诊断蜜蜂的死因。首先应当考虑是否为农药中毒、极端高低温、病虫敌害所造成的蜜蜂伤害。排除这些因素后，考虑是否是花蜜以外的分泌物、植物和果实体液、胶的分泌物、不洁的饮用水、刺吸性昆虫分泌的蜜露或是花粉和蜂蜜贮存过久造成的中毒缓效作用。确诊是有毒植物的花蜜和花粉作用后，应及时将蜂群内蜜粉脾撤出，同时用1：1的糖浆进行补充饲喂。用正常蜂群的子脾和蜜蜂加强群势。

第七章

蜂场卫生及
蜂具消毒

搞好蜂场卫生和蜂具消毒是阻止蜜蜂病害发生的一个重要措施，也是养蜂生产中的一个重要环节。

第一节　蜂场卫生

蜂场经常清扫，撒上石灰使地面干燥。周围杂草及时清除，附近容易积存污水的低洼处填平。

保持仓库干燥整洁；设法消灭仓库老鼠。严禁在仓库附近堆放、调制农药；也不能在仓库中任意使用杀虫农药。

第二节　蜂场和蜂具的消毒

消毒是消灭寄主以外的病源体，也是传染性病害综合防治的重要措施之一。

根据消毒种类不同，可分为预防性消毒、随时消毒和最终消毒。

（一）预防性消毒

预防性消毒是预防某些传染病传入而进行的，每个蜂场无论发病与否，均应采取消毒措施，特别是临近蜂场有传染病发生或受到传染病威胁时，更要加强预防性消毒。

预防性消毒应定期进行，一般情况，每年晚秋蜂群进入越冬以前和春天蜂群出窖前，应对蜂箱、巢脾、蜂具以及场地等进行一次彻底的消毒清理。蜂箱、蜂具可用5%～10%的漂白粉溶液或3%～5%的食用碱溶液进行浸泡消毒；巢脾可用2%～4%的福尔马林溶液或蒸汽进行消毒，场地可以用10%的石灰乳或3%～5%的食用碱溶液进行喷洒消毒。

（二）随时消毒

随时消毒是传染病已经发生，为了防止病源积累和扩大蔓延而进行的消毒。除了对病群进行隔离外，凡是有可能被污染的蜂箱、巢脾、蜂具以及工作服等都要经常进行消毒处理。消毒剂的选择应根据传染病的种类不同而异，如对于病毒应采用3% ～ 5%的食用碱溶液进行消毒，对于细菌所引起的病害应采用4%的福尔马林溶液进行消毒，对于由原生动物（如孢子虫）所引起的病害应采用4%的福尔马林溶液消毒。

（三）最终消毒

最终消毒是解除对发病蜂场的隔离之前为彻底消除传染病源而进行的消毒。包括蜂场上所有场地、房屋、蜂箱、蜂具等有可能被污染的物体。消毒的方法有多种，主要有机械消毒、物理消毒和化学消毒等3种。

1. 机械消毒

机械消毒就是清洁消毒，包括打扫、清理、铲除、洗涤等方法，以减少病原体，但不能彻底消灭病源。

2. 物理消毒

物理消毒包括日晒、烘烤、灼烧、煮沸、蒸汽和紫外线灯照射等方法。

（1）灼烧法。灼烧法可以杀灭一切寄生虫及其卵并且能彻底地杀灭细菌，方法是用变通的煤油喷火喷出的高温火焰灼烧用具的每一个角落和缝隙，每处喷烧2～3次。隔板、隔王板、旧巢框，甚至起刮刀等小件金属用具都可用火焰喷射消毒。但是很容易在高温下变形的蜂具（如竹木制的隔王板、塑料制品等）不能用火焰消毒。如无煤油喷灯，也可用酒精喷灯消毒。

（2）日光暴晒。将用过的蜂箱、蜂具等先用起刮刀清理，清水冲洗干净后，放在强烈的太阳光下照晒12小时，即可达到一定程度的消毒，但不适宜巢脾消毒。

（3）煮沸法。覆布、巢框、蜡棒、移虫针、割蜜刀甚至面网等小型用具器皿可用煮沸法消毒。水煮沸，保持沸腾40分钟，即可达到消毒的目的。

（4）紫外线灭菌法。有条件的蜂场、仓库和病害实验室的所有用具器皿均可以用紫外线照射灭菌。

3. 化学消毒

化学消毒是利用化学药剂消毒，这种消毒的方法应用最广泛。具体的消毒方法很多，主要介绍以下几种。

（1）苏打（食用碱、碳酸钠）消毒。小型蜂具（如起刮刀、王笼）以及工作服、覆布等物，可用2%～5%的苏打溶液洗刷。消毒后的物品要用清水洗净。

（2）漂白粉消毒。可用5%漂白粉溶液（水50千克，加漂白粉2.5千克）消毒木制的蜂箱、蜂具或喷洒场地及生产用屋（喷洒后充分通风）。漂白粉要密封在玻璃瓶或塑料袋内，贮藏于阴暗、干燥、通风的房屋中，不可久放。溶液要随用随配，调配和喷洒时要戴口罩。

（3）石灰乳消毒。将生石灰（块灰）加水化开，配制成10%～20%石灰乳，做场地和越冬室的消毒剂。阴湿的场地可用石灰粉散播消毒。

（4）酒精消毒。用75%的酒精喷洒蜂箱、巢脾，喷后密闭。

（5）福尔马林消毒。福尔马林是含40%甲醛的水溶液，用蒸汽或稀释液可消毒蜂箱、巢脾等。福尔马林对鼻、眼和呼吸道的黏膜有强烈的刺激性，使用时要带上风镜和口罩。

（6）硫黄熏蒸。将需要消毒的蜂具用水喷湿，以提高消毒效果。点燃2～5克粉剂，用其燃烧时释放出的含二氧化硫的烟雾进行熏蒸消毒，密闭熏蒸24小时以上。蜂箱消毒时，5个箱体为一组，每个蜂箱放8张脾。需要注意的是使用硫黄时要注意防火，熏蒸后的蜂机具在使用前要充分通风，去除异味。

参考文献

刁青云，2017. 蜜蜂病虫害诊断与防治技术手册 [M]. 北京：中国农业出版社.

冯永谦，高夫超，2015. 养蜂技术 [M]. 哈尔滨：东北林业大学出版社.

韩行舟，杨俊伍，徐万林，李俊泽，1985. 寒地养蜂 [M]. 哈尔滨：黑龙江科学技术出版社.

和绍禹，2005. 蜜蜂产品认知大全 [M]. 昆明：云南科技出版社.

蜜蜂病虫害综合防治规范

（GB/T 19168—2003）

前　言

本标准的附录 B 为规范性附录，附录 A 为资料性附录。

本标准由中华人民共和国农业部提出并归口。

本标准起草单位：中国农业科学院蜜蜂研究所、山西省晋中种蜂场、农业部蜂产品质量监督检验测试中心（北京）。

本标准主要起草人：周婷、王强、孙丽萍、杜桃柱、陈盛禄、刁青云、王凤忠、霍炜。

蜜蜂病虫害综合防治规范

1 范围

本标准规定了蜜蜂病虫害防治工作的基本原则和技术方法。

本标准适用于各种蜂场。

2 术语和定义

下列术语和定义适用于本标准。

2.1 病群 diseased colony

具有典型症状的发病蜂群。

2.2 疑是病群 suspicious diseased colony

没有症状但与病群有密切接触的蜂群，其病害可能处于潜伏期。

2.3 假定健康群 supposed health colony

与病群没有密切接触的，表面观察健康的蜂群。

149

2.4 消毒 disinfection

为防止传染病的发生和蔓延而采取的抑制或杀灭周围环境中病原微生物的方法。

2.4.1 预防性消毒 preventive disinfection

结合平时的饲养管理，对蜂场周围环境、蜂具、蜂箱、仓库等进行的定期消毒。

2.4.2 随时消毒 constant disinfection

在传染病发生时对被病群污染的蜂箱、蜂具和蜂场环境等进行的彻底消毒。

2.4.3 终末消毒 final disinfection

在病群解除隔离之前对隔离区的蜂箱、蜂具等各种用具及环境进行消毒。

2.4.4. 机械性消毒 mechanical disinfection

用机械方法（如清扫铲刮、洗涤和通风等）抑制或杀灭周围环境中的病原微生物。

2.4.5 物理消毒 physical disinfection

用物理方法（如日晒、烘烤、灼烧、煮沸等）抑制或杀灭周围环境中的病原微生物。

2.4.6 化学消毒 chemical antisepsis

用化学药物抑制或杀灭周围环境中的病原微生物。

3 蜜蜂病虫害预防要求

3.1 蜂场场址的选择

3.1.1 蜂场要选择在地势高燥、背风向阳、温度适宜、远离噪声的地方；远离铁路、公路、大型公共场所。

3.1.2 定地蜂场周围要有丰富的蜜、粉源，并有良好的水源。

3.1.3 要避开有毒蜜、粉源植物。

3.1.4 蜂场应远离化工区、矿区、农药厂库、垃圾处理场及经常喷施农药的果园和菜地。

3.1.5 蜂场应远离糖厂和生产含糖量高食品的工厂。

3.1.6 蜂场正前方要避开路灯、诱虫灯等强光源。

3.2 蜂场管理要求和卫生制度

3.2.1 要保持蜂场清洁卫生。在蜜蜂传染病发病期间，及时清理蜂尸、杂物，将清扫物深埋或焚烧，并在蜂场地面撒生石灰消毒。

3.2.2 蜂箱、蜂具按规定进行消毒，及时淘汰霉变、被巢虫蛀咬和传染病发生后的巢脾。不用被蜜蜂病原体污染的饲料喂蜂。

3.2.3 蜂场库房墙壁、地面应易于消毒处理，蜂产品与蜂具在库房内要分类摆放。

3.2.4 不到疫病区购蜂或放蜂。

4 蜜蜂病虫害治疗原则

4.1 隔离

4.1.1 发现传染病，应立即将病群隔离，并报告当地动物检疫单位。同时对蜂群逐群进行检查，根据检查结果分别处理。

4.1.2　病群：选择远离蜂场，不易散播病原体，消毒处理方便的地方隔离治疗。病蜂的蜂产品、蜂具等不得带回健康蜂场。如果属烈性传染病或国内首次发现的传染性病害，应予以焚烧处理。

4.1.3　疑是病群：应另选地方远离健康蜂群进行隔离观察，也可预防性给药。

4.1.4　假定健康群：进行观察，必要时转移到其他地方。

4.1.5　隔离的病群在没有病蜂出现，又过了该传染病潜伏期2倍的时间后，经过全面消毒，可以解除隔离；如果经过传染病后蜂群十分衰弱，失去经济价值，又有带菌（毒）危险的应焚烧蜂群。

4.2　消毒

4.2.1　消毒方式

根据饲养管理及疫病发生情况选择消毒方法。

4.2.2　消毒方法

机械性消毒、物理消毒应配合化学消毒使用。化学消毒方法见附录A表A.1。

4.3　传染性病害的治疗原则

4.3.1　蜜蜂主要传染病、原虫病及常用药物，见附录B表B.1～表B.3。

4.3.2　使用国家规定的药物，按剂量给药。

4.3.3　大流蜜前一个月停止蜂群用药。

4.3.4　使用过药物的生产蜂群，到大流蜜初期应彻底清除巢内存蜜。

4.4　大、小蜂螨综合防治原则

4.4.1　大、小蜂螨寄生率和寄生密度测定按式（1）和式（2）。

$$寄生率（\%）=\frac{有螨蜂数（或有螨蜂房数）}{检查蜂数（或检查蜂房数）}\times100 \qquad （1）$$

$$寄生密度 [螨 / 蜂（房）]=\frac{大蜂螨总数}{检查蜂数（或检查蜂房数）}\qquad（2）$$

4.4.2　使用国家允许的杀螨剂。最好几种杀螨剂交替使用。

4.4.3　结合化学防治，同时采用扣王断子和割除雄蜂脾等生物学防治措施综合治螨。

4.4.4　为保证螨寄生率常年控制在为害水平以下，即大流蜜期前螨寄生率为3%（不超过5%），每年用药次数1次～3次为宜。大流蜜期前1个月停止生产蜂群用药。

4.5　花粉、花蜜等中毒防治原则

4.5.1　引起蜜蜂花粉、花蜜中毒的成分见附录B表B.4。

4.5.2　正确选择蜜源场地，避开有毒蜜粉源植物。

4.5.3　发现中毒，应及时从蜂箱中取出有毒的蜜、粉脾，并予以销毁。

4.5.4　饲喂比例为50%的淡糖浆。

4.5.5 必要时，根据有毒成分的性质饲喂药物：甘露蜜中毒时可用复合维生素B、酵母片等；枣花中毒时，可用4%～5%食醋糖浆。

4.6 化学中毒防治原则

4.6.1 常见化学中毒种类：引起蜜蜂中毒的农药和有害物质有拟除虫菊酯类、有机氯类、有机磷类和氨基甲酸酯类农药，工业污染包括工业烟雾、粉尘、废水等。

4.6.2 经常了解蜂场所在地所施农药种类和施药时间，对蜂群毒性大时，应尽早撤离；毒性较小，暂闭巢门1～2天，同时打开蜂箱通气窗。

4.6.3 发现中毒，应及时从蜂箱中取出污染的蜜、粉脾，并予以销毁。

4.6.4 有机磷、有机氯农药中毒时，可在20%糖浆中加0.1%食用碱喂蜂。

附　录　A

（资料性附录）

化学消毒药物及使用方法

表A.1　化学消毒药物及使用方法

名称	常用浓度（％）及作用时间	配制	作用范围	使用方法	备注
84消毒液	0.4%作用10min用于细菌污染物。5%作用90min用于病毒污染物。	水溶液	细菌、芽孢、病毒、真菌	蜂箱、蜂具洗涤，巢脾浸泡，金属物品洗涤时间不宜过长。	日用百货店有售，避光贮存。
漂白粉	5% ～ 10%作用30min ～ 2h。	水溶液	细菌、芽孢、病毒、真菌	蜂箱洗涤，巢蜱、蜂具浸泡1h ～ 2h，金属物品洗涤时间不宜过长。水源消毒：1m³河水、井水加漂白粉6 ～ 10g，30min后可以饮用。	

157

名称	常用浓度（%）及作用时间	配制	作用范围	使用方法	备注
食用碱（Na_2CO_3）	3% ~ 5%水溶液作用30min ~ 2h。	水溶液	细菌、病毒、真菌	蜂箱洗涤，巢脾（2h）、蜂具、衣物浸泡30min ~ 1h，越冬室、仓库墙壁、地面喷洒。	
石灰乳	10% ~ 20%水溶液。	1份生石灰加1份水制成消石灰，再加水配成10% ~ 20%悬液	细菌、芽孢、病毒、真菌	10% ~ 20%水溶液粉刷越冬室、工作室、仓库墙壁、地面。现配消石灰粉，撒布蜂场地面。	现配现用
饱和食盐水	36%水溶液作用4h以上。	水溶液	细菌、真菌、孢子虫、阿米巴、巢虫	蜂箱、巢脾、蜂具浸泡4h以上。	
冰醋酸	80% ~ 98%熏蒸1 ~ 5d。	10mL/箱 ~ 20mL/箱	蜂螨、孢子虫、阿米巴、蜡螟的幼虫和卵	每只蜂箱用80% ~ 98%冰醋酸10 ~ 20mL，洒在布条上，每个欲消毒巢脾的继箱挂一片。将箱体摆好、糊好缝，盖好箱盖熏蒸24h。气温低于18℃，应延长熏蒸时间至3 ~ 5d。	

寒地养蜂技术简明本

名称	常用浓度（%）及作用时间	配制	作用范围	使用方法	备注
福尔马林	2%～4%福尔马林水溶液。	1份福尔马林加水9～18份。	细菌、芽孢、病毒、孢子虫、阿米巴	2%～4%福尔马林水溶液喷洒越冬室、工作室、仓库墙壁、地面。也可1～3g/m³加热熏蒸。4%福尔马林水溶液浸泡蜂箱、巢脾、蜂具12h。	注意密闭
	原液熏蒸。	每只继箱用量：福尔马林10mL，热水5mL，高锰酸钾10g。	细菌、芽孢、病毒、孢子虫、阿米巴	福尔马林和热水加入容器，放入摞好的箱体中，蜂箱间用纸糊好，再加入高锰酸钾立即盖好，密闭12h。室内消毒（每立方米）：30mL福尔马林、30mL水、18g高锰酸钾。	注意密闭
硫磺（燃烧时产生二氧化硫）	粉剂熏蒸24h以上，2～5g/蜂箱。		蜂螨、螟蛾、巢虫、真菌	5个蜂箱为一体，每个继箱8张巢脾，巢箱中放一瓷容器。使用时，将燃烧的木炭放入容器内，立即将硫磺撒在木炭上，密闭蜂箱，熏蒸12h以上。	由于该药对卵、封盖幼虫及蛹无效，每隔7d要重复一次。连续重复2～3次。

1. 根据消毒药的类型与本蜂场的常见病、多发病选择消毒药。

2. 无论使用何种化学消毒剂，以浸泡和洗涤形式处理的，消毒过用清水将药品洗涤干净，巢脾用分蜜机摇出巢中水分；熏蒸消毒的蜂具等，应在流通空气中放置72h以上。

3. 巢脾上如有花粉等存在，其消毒的浸泡时间，可视药品作用时间而适当延长，以达到消毒确实的目的。

附录1　蜜蜂病虫害综合防治规范

附　录　B

（规范性附录）

蜜蜂传染性病害及其防治

B.1　蜜蜂细菌性传染病及其防治见表B.1。

表B.1　蜜蜂细菌性传染病及其防治

类别	病名	病原	危害	常用剂量 （10框蜂每次用量）
幼虫病	美洲幼虫腐臭病	幼虫芽孢杆菌 G⁺	封盖后幼虫死亡。	红霉素0.05g喷雾或饲喂，隔日一次，连用5～7次为一疗程。
	欧洲幼虫腐臭病	蜂房蜜蜂球菌 G⁺	2～3日龄幼虫死亡。	
成蜂病	蜜蜂败血病	蜜蜂败血杆病 G⁻	成蜂死亡解体。	氟哌酸0.025g喷雾或饲喂，隔日一次，连用5～7次为一疗程。
	蜜蜂副伤寒	副伤寒杆菌 G⁻	成蜂腹泻、死亡。	

B.2 蜜蜂螺原体病和病毒病及其防治见表B.2。

表B.2 蜜蜂螺原体病和病毒病及其防治

类别	病名	病原	危害	常用剂量 （10框蜂每次用量）
成蜂螺原体病	蜜蜂螺原体病	蜜蜂螺原体	成蜂死亡。	红霉素0.05g喷雾或饲喂，隔日一次，连用5～7次为一疗程。
幼虫病毒病	囊状幼虫病	囊状幼虫病毒	封盖后幼虫死亡。	盐酸金刚烷胺片0.05g喷雾或饲喂，隔日一次，连用5～7次为一疗程，对病毒有一定抑制作用。
蛹病毒病	蜜蜂蛹病	蛹病毒	蛹死亡。	
成蜂病	慢性麻痹病 急性麻痹病 云翅病毒病 克什米尔病毒病等	慢性麻痹病病毒 急性麻痹病病毒 云翅病毒病病毒 克什米尔病毒病病毒	成蜂死亡。	盐酸金刚烷胺片0.05g喷雾或饲喂，隔日一次，连用5～7次为一疗程，对病毒有一定抑制作用。

B.3 蜜蜂真菌病和原虫病及其防治见表B.3。

表B.3 蜜蜂真菌病和原虫病及其防治

类别	病名	病原	危害	常用剂量 （10框蜂每次用量）
幼虫真菌病	白垩病	蜂囊球菌	幼虫死亡呈石灰质状。	制霉菌素10万IU喷雾或饲喂、隔日一次，连用5～7次为一疗程。
幼虫真菌病	黄曲霉病	黄曲霉菌	幼虫死亡呈石子状，成蜂死亡。	制霉菌素10万IU喷雾或饲喂、隔日一次，连用5～7次为一疗程。
蜂王真菌病	蜂王卵巢黑变病	黑色素沉积真菌	蜂王生殖系统变黑，停止产卵。	制霉菌素10万IU喷雾或饲喂、隔日一次，连用5～7次为一疗程。
成蜂原虫病	孢子虫病	蜜蜂微孢子虫	成蜂下痢死亡。	1 000mL糖浆中加入4mL食醋、250 mL/（次·10框蜂），2～3d一次，连用4～5次为一疗程。
成蜂原虫病	阿米巴原虫病	马氏管变形虫	成蜂下痢死亡。	1 000mL糖浆中加入4mL食醋、250 mL/（次·10框蜂），2～3d一次，连用4～5次为一疗程。

注：10框蜂一次用药量加入250mL 1：1糖水中喂蜂，或加入淡糖水中喷洒。

B.4 引起蜜蜂花粉、花蜜中毒的植物及有毒成分见表B.4。

表B.4　引起蜜蜂花粉、花蜜中毒的植物及有毒成分

植物名称	有毒成分
藜芦、毛茛、乌头白头翁、杜鹃、苦皮藤、博落回、羊踯躅、曼陀罗、喜树	生物碱、糖苷、毒蛋白、多肽、胺类、草酸盐、多糖等
甘露蜜	糊精、无机盐
茶花	花蜜中的半乳糖
枣花	生物碱、钾含量过高
油茶	花蜜中的半乳糖

牡丹江蜜蜂养殖技术规程

（DB 2310/T 094—2023）

前　　言

本文件按照GB/T 1.1—2020《标准化工作导则　第1部分：标准化文件的结构和起草规则》的规定起草。

本文件的某些内容可能涉及专利。本文件的发布机构不承担识别专利的责任。

本文件由黑龙江省农业科学院牡丹江分院提出。

本文件由牡丹江市农业农村局归口。

本文件起草单位：黑龙江省农业科学院牡丹江分院。

本文件主要起草人：王静、韩秀平、陶靓、吕洋、潘春磊、张致豪、关毅、高清、马晓斌、赵鹤、王丽、王晓梅、高夫超、吕云岭、姜兴刚、李宏图、祝朝霞、张多、赵宇昕、濮春雨。

牡丹江蜜蜂养殖技术规程

1 范围

本文件规定了蜜蜂饲养的相关定义、蜂种、蜜蜂的饲养条件、蜂群饲养管理基础技术、四季养蜂各环节的管理技术等内容。

本文件适用于牡丹江地区蜜蜂养殖，也适用于黑龙江省东南部其他地区蜜蜂养殖。

2 规范性引用文件

下列文件中的内容通过文中的规范性引用而构成本文件必

不可少的条款。其中，注日期的引用文件，仅该日期对应的版本适用于本文件；不注日期的引用文件，其最新版本（包括所有的修改单）适用于本文件。

GB/T 19168　蜜蜂病虫害综合防治规范

NY/T 393　绿色食品农药使用准则

NY/T 1160　蜜蜂饲养技术规范

NY/T 5027　无公害食品　畜禽饮用水水质

NY/T 5139　无公害食品　蜜蜂饲养管理准则

3　术语和定义

下列术语和定义适用于本文件。

3.1　蜂群

蜜蜂营社会性群体。是蜜蜂自然生存和饲养的基本单位。一个独立的蜂群包括数千至数万只个体，一年中不同生活阶段，蜂群数量有一定变化。其成员包括蜂王、工蜂、雄蜂三种形态、两种性别的个体。

3.2　巢础

巢础是人工用蜂蜡或食品级塑料压制成的蜜蜂巢房的房基，供蜜蜂筑造巢房巢脾的基础。

3.3　巢脾

组成蜂巢的基本单位。是由蜜蜂筑造的、双面布满六角形巢房的蜡质脾状结构，是蜜蜂生活、繁殖、发育和储存食物的场所。巢脾上的巢房根据用途可分为工蜂房、雄蜂房、王台、贮蜜房和过渡型巢房等类型。

3.4　巢箱

蜂群最下面的蜂箱。

3.5　继箱

蜂群巢箱上面的蜂箱。

3.6　主要蜜粉源植物

数量多、面积大、花期长、蜜粉丰富，能生产商品蜜或花粉的一类或多种植物群体。

3.7　辅助蜜粉源植物

能分泌花蜜、产生花粉，对维持蜜蜂生活和繁殖起作用的植物。

3.8　采集适龄蜂

工蜂出房20d左右，参加采集任务，此时的蜜蜂称为采集适龄蜂。

3.9　越冬适龄蜂

指工蜂羽化出房后没有从事过采集和哺育等工作，只进行过飞行排泄的工蜂。

4　蜂种

东北黑蜂、意大利蜜蜂、高加索蜜蜂、卡尼鄂拉蜂、喀尔巴阡蜂及各种杂交种。

5 蜜蜂的饲养条件

5.1 蜜粉源

蜂群繁殖和生产季节，蜂场附近2km以内，应有一种以上的主要蜜源，并且流蜜、吐粉情况良好。

5.2 蜂场环境

按照NY/T 5139的环境要求执行。

5.3 蜂机具及其卫生消毒

5.3.1 养蜂机具

5.3.1.1 隔王板、饲喂器、脱粉器、采胶板、王浆条、移虫针、取浆器具、起刮刀、蜂扫、喷烟器和郎氏标准蜂箱等。

5.3.1.2 选用不锈钢摇蜜机。

5.3.1.3 选用不锈钢割蜜刀。

5.3.2 蜂产品贮存器须无毒、无异味。

5.3.3 蜂机具的卫生消毒按照NY/T 5139的要求执行。

5.4 饲料

用优质天然蜜脾、优质白砂糖作为蜜蜂的碳水化合物饲料；用天然蜂花粉或花粉代用品作为蜜蜂的蛋白质饲料。

5.5 水

参照NY/T 5027的要求执行。

6 蜂群饲养管理基础技术

参照NY/T 1160执行。

7 春季管理

7.1 蜂群出窖

7.1.1 准备工作（清明前后）

a）选择向阳背风、地势高燥的地方做放蜂场地；场地清雪，撒生石灰粉消毒；备好管理用具、消毒用具、蜜脾和粉脾以及蜂群保温物；储备蜜脾搬入室内增温；备用蜂箱消毒、晒干。

b）晚出窖，加强通风，打开窖门，保持蜂群实力，借柳树花期大量培育幼虫。

c）窖容积小，温度高，湿度大或蜜蜂下痢骚动不安，以及天气提前变暖时，蜂群提前出窖，使不良状况得到改善。

7.1.2 出窖时间

3月中旬—4月上旬，选择晴暖无风，气温10℃以上天气，于上午10时以后完成全部蜂群出窖，以便蜜蜂利用中午暖和时间进行充分地排泄飞行。

如果窖温过高、有下痢情况，在晴暖无风，气温8℃以上的天气，把蜜蜂抬到背风向阳地方，使其飞翔排泄。午后气温降低，蜜蜂完全归巢后，重新搬回窖内，直到蜂群正式出窖为止。

7.1.3 出窖方法

出窖前一天，窖门、气孔和巢门完全敞开，让蜜蜂饱吸新鲜空气。

出窖早晨,巢门关闭,搬蜂箱时巢门向后,动作要轻,不可偏斜,使蜜蜂不受惊扰地抬到蜂场上。

7.2 蜂群的检查和处理

7.2.1 蜂群的检查

出窖后,选晴暖无风的天气,进行蜂群整理。了解蜂群越冬基本情况,饲料不足的补足饲料,无王群及时合并;遭鼠害的蜂群换上清洁的巢脾;把子脾放在中间,蜜粉脾放在两边,并换以消毒过的蜂箱。

7.2.2 蜂数不足3框的蜂群合并或者用双王箱饲养繁殖。

7.2.3 防治蜂螨

出窖后抓住群内无封盖子的有利时期,彻底治螨2～3次。有封盖子牌的巢脾,抽出来或用刀把蜡盖割开。

春季治螨采用水剂喷雾较为安全,使用无污染药物防治蜂螨。

7.2.4 紧脾保温

原则是蜂多于脾，两侧挡以隔板，覆布上盖上棉垫或毛毡。

巢门缩小到1～2cm，箱底垫上干草；以后根据群势增长和天气转暖，逐渐撤去保温物和扩大巢门。

7.3 扩大蜂巢

5月份，越冬蜂大部分被更替后，根据气温、蜜源、蜂群增殖和蜂王产卵情况，适时加脾扩巢。

7.4 春季管理注意事项

a）蜜源丰富时，检查蜂群可在白天温暖时进行。蜜源缺乏时，早晨检查蜂群，注意盗蜂。气温较低，开箱时间不宜过长。一般采用箱外观察，结合抽检。

b）依据气温变化和早晚温差情况调节巢门大小。

c）注意弱群饲料情况和盗蜂情况。

d）病群的巢脾不能互相调整，以免传染健康蜂群。

8　分蜂期管理

8.1　自然分蜂热的控制

a）选用良种，选择能维持强群、分蜂性弱的蜂群做种群养王。

b）用优质新蜂王及时更换老蜂王。

c）繁殖期适当控制群势。

d）适时取蜜，避免蜜压子脾。

e）掌握时机淘汰老脾，加巢础多造新脾。

f）定期检查，毁除王台。

g）生产王浆。

h）扩巢遮阳。

8.2　自然分蜂的处理

设法收捕分蜂团，收回分蜂群不放回原群，单独饲养，利用其采集能力进行生产。原群待新王出房或诱入一只产卵蜂王，使其发展成一个新的蜂群。

9 流蜜期蜂群管理

9.1 采蜜群的组织

9.1.1 时间

采蜜期前 10 ～ 15 天对蜂群进行调整。

9.1.2 调整方法

继箱变成无子采蜜区，巢箱成为繁殖区；采蜜群群势达到 15 框蜂，达不到的合并。利用新王采蜜。

9.2 采蜜群的管理

9.2.1 全面检查

相邻两次取蜜时间间隔 7 天以内，结合取蜜全面检查。

9.2.2 怠工群的处理

及时检查蜂群，去除王台。

如有新王，将老王换掉，同时从其他蜂群中调入几张卵虫脾，增加蜂群工作负担，消除分蜂热。

9.2.3　遮荫、通风

大流蜜期间，巢门全部打开、扩大蜂路以增强通风。流蜜季节蜂箱加盖蒿草给蜂群遮荫。有条件的把蜂箱架起10cm，并安放踏板。

10　秋季饲养管理

10.1　椴树蜜结束蜂群整理

及时调整蜂群，保持蜂脾相称或脾略多于蜂，提出多余巢脾。

10.2　防治蜂螨

10.2.1　防治蜂螨的方法

用甲酸防治蜂螨。

先用50%浓度的甲酸溶液试验一两箱蜂群，封盖子内螨死亡率达80%以上，不增加浓度，否则提高甲酸溶液浓度。

用不带金属的羊毛排刷刷封盖子脾，提脾倾斜，用刷子蘸取甲酸溶液从上至下刷一个来回，脾刷后箱外晾15～20min，再放回蜂箱。

10.2.2　甲酸溶液的配制

配制50%甲酸方法：取59ml 85%甲酸，加41ml去离子蒸馏水。

配制55%甲酸方法：取65ml 85%甲酸，加35ml去离子蒸馏水。

甲酸溶液的配制和存放应使用陶瓷容器或玻璃容器。以上浓度分别适用于气温26～30℃，春季气温低时，不能使用。气温超过30℃，风大时，甲酸挥发快，效果不好。

10.3　培育越冬蜂

10.3.1　时期

从8月10日开始至9月10日，最晚不超过9月15日。

10.3.2 管理方法

a）秋繁前，整理蜂群。每群群势至少5框蜂，保证蜂王有足够的产卵空间，保证蜂群有足够的优质饲料。

b）适当缩小巢门，防盗蜂。晚上喂蜂，盖严覆布和箱盖，场内不能有蜡渣和糖水。

10.4 喂越冬饲料

10.4.1 准备越冬饲料

9月20日前，以一框蜂2.5kg白糖，计算全场所需白糖。以白砂糖：水=10：7的比例，充分搅匀，准备越冬饲料。

10.4.2 喂越冬饲料前蜂群整理

9月25日前，整理蜂群，根据蜂数紧脾，紧脾第二天早晨检查蜂群。隔板外侧至少有半框蜂为紧脾达到标准。

10.4.3 喂越冬饲料

十月一日前，连续4～5天晚上喂越冬饲料，群中大部分巢脾封盖，不封盖的，要见白荎。

10.5　越冬蜂蜂群整理

10月上旬绝大部分子脾羽化出房后，整理和布置蜂巢，提出巢内没有喂满整张的糖脾，换以整张蜜脾。

10.6　治螨

子脾全部羽化后，抓住蜂群断子期，药物治螨2～3次。

用药参照NY/T 393和NY/T 5139。

11　冬季管理

11.1　蜂群入窖时间

一般11月20日前后（小雪），外界气温稳定（0℃以下），蜂窖温度稳定在−2℃时，可以把蜂群抬入越冬室（窖）内。

11.2　室（窖）内越冬的温、湿度控制以及蜂群管理

温度应控制在−2～2℃之间，原则宁冷勿热，保持蜂窖黑暗。湿度保持在75%～85%之间。保持通风良好。注意防鼠。

春节后掏一次巢门口死蜂，查看死蜂情况，查看饲料情况并及时调整。出窖前打开窖门降温通风。

11.3　室外越冬

单箱蜂群群势不能低于4框蜂，双王群越冬的单王群势不能低于3框蜂，场地选择背风、干燥、安静的地方，每天太阳能够照射一定时间。越冬包装宜迟不宜早，可从11月20日前后（小雪）开始，根据外界气温变化分步进行。外界温度变化大时，及时调整气口和保温物。温度计放在进气和排气口内，如温度过低可用毛巾堵塞进气口。投放鼠药，注意防鼠。

立春后注意外界温度变化，及时撤减覆盖物，加强通风，勿伤热。适合的气温条件下提前让蜜蜂飞翔排泄，查看饲料情况并及时调整。

图书在版编目（CIP）数据

寒地养蜂技术简明本 / 王静，祝朝霞主编. —北京：
中国农业出版社，2024.6
ISBN 978-7-109-31894-6

Ⅰ.①寒…　Ⅱ.①王…②祝…　Ⅲ.①寒冷地区—养
蜂　Ⅳ.①S89

中国国家版本馆CIP数据核字（2024）第076235号

中国农业出版社出版
地址：北京市朝阳区麦子店街18号楼
邮编：100125
责任编辑：闫保荣
版式设计：小荷博睿　　责任校对：吴丽婷
印刷：中农印务有限公司
版次：2024年6月第1版
印次：2024年6月北京第1次印刷
发行：新华书店北京发行所
开本：787mm×1092mm　1/24
印张：8
字数：80千字
定价：68.00元
